TCP/IPで学ぶ
ネットワークシステム

基礎からシステム構築まで

小高知宏=著

森北出版株式会社

● 本書のサポート情報を当社 Web サイトに掲載する場合があります．下記の URL にアクセスし，サポートの案内をご覧ください．

http://www.morikita.co.jp/support/

● 本書の内容に関するご質問は，森北出版 出版部「(書名を明記)」係宛に書面にて，もしくは下記の e-mail アドレスまでお願いします．なお，電話でのご質問には応じかねますので，あらかじめご了承ください．

editor@morikita.co.jp

● 本書により得られた情報の使用から生じるいかなる損害についても，当社および本書の著者は責任を負わないものとします．

■ 本書に記載している製品名，商標および登録商標は，各権利者に帰属します．

■ 本書を無断で複写複製（電子化を含む）することは，著作権法上での例外を除き，禁じられています．複写される場合は，そのつど事前に（社）出版者著作権管理機構（電話 03-3513-6969，FAX 03-3513-6979，e-mail：info@jcopy.or.jp）の許諾を得てください．また本書を代行業者等の第三者に依頼してスキャンやデジタル化することは，たとえ個人や家庭内での利用であっても一切認められておりません．

まえがき

　本書は，コンピュータネットワークをシステムの観点からとらえた入門書である．コンピュータネットワークは，情報通信技術とコンピュータ技術が一体化することで初めて実現可能な工学的システムである．また，ソフトウェアとハードウェアがきわめて密接に関係する情報システムでもある．さらに，インターネットに代表される現在のコンピュータネットワークは，複雑さや規模において人類の扱うシステムの中でも，最大級の複雑システムであるといえよう．本書では，コンピュータネットワークをトップダウンおよびボトムアップのそれぞれの観点からシステムとしてとらえ，ネットワークに関する全体的理解を得ることを目標としている．

　本書では，ネットワークの題材として，インターネットを中心的に取り上げる．インターネットは世界最大のコンピュータネットワークであるだけでなく，ネットワークシステムの技術標準としての役割も果たしている．また，インターネットは社会のインフラとしてすでになくてはならないものであり，社会システムとしても興味深い．こうしたことから，本書ではインターネットの構成技術を中心として議論を展開することとした．

　本書は，入門書であるとともに，高専，大学等における講義用教科書として利用することを強く意識して構成した．本書の構成や内容の程度，および記述の分量は，大学の情報系学科の初年度におけるネットワーク論の講義用テキストとして用いるのに適当であると考える．コンピュータの基本操作や計算機システムの基礎的な理解があれば，本書を習得することは困難ではないだろう．ただし第9章ではネットワークプログラミングと関連してプログラミングの基礎知識を要求するので，この章だけは大学初年度では割愛する必要があるかもしれない．

　最後になるが，本書の構成のみならず日頃の教育研究活動においてさまざま

な助力をいただいている福井大学工学部の小倉久和氏にこの場を借りて感謝する．また，研究グループを構成する福井大学工学部の黒岩丈介氏，高橋 勇氏，ならびに白井治彦氏にも感謝する．同時に，日頃からさまざまなインスピレーションを与えてくれる福井大学工学部知能システム工学科および大学院原子力・エネルギー安全工学専攻の学生諸君にも感謝する．さらに，本書の実現にあたり支援いただいた森北出版の石田昇司氏と加藤義之氏に感謝する．最後に，本書の執筆を支えてくれた家族（洋子，研太郎，桃子，優）にも感謝したい．

2006 年 1 月

著　者

目　次

第1章　ネットワークシステムの構成
1.1　ネットワークシステムとは …………………………………………… 1
　　1.1.1　ネットワークシステムとは何か　1
　　1.1.2　金融機関のネットワークシステム　3
　　1.1.3　流通ネットワークシステム　4
　　1.1.4　予約発券のネットワークシステム　5
　　1.1.5　生産管理ネットワークシステム　6
　　1.1.6　個人情報管理システムと物流管理システム　6
1.2　インターネット ………………………………………………………… 7
1.3　ネットワークアーキテクチャ ………………………………………… 10
第1章のまとめ …………………………………………………………………… 12
演習問題 …………………………………………………………………………… 12

第2章　物理層のプロトコル
2.1　物理層の構成 …………………………………………………………… 13
2.2　通信路の種類 …………………………………………………………… 14
　　2.2.1　銅　線　14
　　2.2.2　光ファイバケーブル　17
　　2.2.3　赤外線　19
　　2.2.4　電　波　20
　　2.2.5　電話網　22
2.3　ネットワークシステムにみる物理層の実現例 ……………………… 27
　　2.3.1　イーサネット　27
　　2.3.2　xDSL　29
　　2.3.3　CATV　29
　　2.3.4　ISDN　30

2.4 伝送方式 …………………………………………… 31
2.4.1 全二重と半二重　31
2.4.2 直列伝送と並列伝送　31
2.4.3 同期と非同期　32
2.4.4 ベースバンドとブロードバンド　33
第2章のまとめ …………………………………………… 34
演習問題 …………………………………………… 35

第3章　データリンク層のプロトコル
3.1 データリンク層の機能 …………………………………………… 36
3.2 イーサネットのデータリンク層プロトコル …………………………………………… 37
3.2.1 イーサネットフレームの構成　37
3.2.2 CSMA/CD方式　40
3.2.3 イーサネットにおけるスイッチの機能　43
3.2.4 CSMA/CD方式以外の制御方法　45
3.3 PPP, PPPoE, PPPoA …………………………………………… 46
3.3.1 PPP　46
3.3.2 xDSL, ATM　47
第3章のまとめ …………………………………………… 49
演習問題 …………………………………………… 49

第4章　ネットワーク層のプロトコル
4.1 ネットワーク層の機能 …………………………………………… 50
4.2 IPデータグラムとIPアドレス …………………………………………… 51
4.2.1 IPデータグラム　51
4.2.2 IPアドレス　54
4.2.3 IPアドレスの管理　57
4.3 経路制御 …………………………………………… 58
4.3.1 経路制御のしくみ　58
4.3.2 ルーティングテーブルの管理　61
4.4 ARP, DHCP, ICMP …………………………………………… 62
4.4.1 ARPとDHCP　62
4.4.2 ICMP　63

- 4.5 DNS …………………………………………………………………… 65
  - 4.5.1 DNSのしくみ　65
  - 4.5.2 DNSのネームサーバ　67
- 4.6 マルチキャスト ……………………………………………………… 69
- 4.7 IPv6 …………………………………………………………………… 70
- 第4章のまとめ …………………………………………………………… 72
- 演習問題 …………………………………………………………………… 73

第5章　トランスポート層のプロトコル

- 5.1 トランスポート層の機能 …………………………………………… 74
- 5.2 TCP …………………………………………………………………… 75
  - 5.2.1 TCPの機能　75
  - 5.2.2 TCPセグメントの構成　78
  - 5.2.3 TCPの通信手順　79
- 5.3 UDP …………………………………………………………………… 82
- 第5章のまとめ …………………………………………………………… 83
- 演習問題 …………………………………………………………………… 83

第6章　セション層とプレゼンテーション層

- 6.1 セション層とプレゼンテーション層 ……………………………… 85
  - 6.1.1 セション層とプレゼンテーション層の役割　85
  - 6.1.2 インターネットアプリケーションにおけるセション層とプレゼンテーション層　86
- 6.2 ネットワークセキュリティ ………………………………………… 86
  - 6.2.1 ネットワークセキュリティとは　86
  - 6.2.2 ウィルスとワーム　87
  - 6.2.3 なりすましと認証　89
  - 6.2.4 ファイアウォール　93
  - 6.2.5 暗　号　96
- 第6章のまとめ …………………………………………………………… 99
- 演習問題 …………………………………………………………………… 100

第7章 アプリケーションシステムのプロトコル

7.1 telnet ……………………………………………………………………… 101
   7.1.1 telnet とは　101
   7.1.2 telnet プロトコルの概要　102
   7.1.3 telnet の問題点　105

7.2 ftp ………………………………………………………………………… 106
   7.2.1 ftp とは　106
   7.2.2 ftp によるファイル転送手順　108

7.3 SMTP ……………………………………………………………………… 111
   7.3.1 インターネットメールシステム　111
   7.3.2 SMTP のしくみ　112
   7.3.3 POP, APOP, IMAP4　115

7.4 HTTP ……………………………………………………………………… 118
   7.4.1 HTTP の通信モデル　118

第 7 章のまとめ ………………………………………………………………… 120
演習問題 ………………………………………………………………………… 120

第8章 ネットワークの計測

8.1 ネットワークの基本動作 ………………………………………………… 121
   8.1.1 ping　121
   8.1.2 traceroute　125
   8.1.3 パケット解析ツール　126
   8.1.4 nslookup　129

8.2 ネットワークインタフェースの動作確認 ……………………………… 130
   8.2.1 ifconfig　130
   8.2.2 netstat　133

第 8 章のまとめ ………………………………………………………………… 134
演習問題 ………………………………………………………………………… 135

第9章 ネットワークプログラミングによるネットワークシステムの構築

9.1 ソケットプログラミング ………………………………………………… 136
   9.1.1 ソケット，CORBA，Java RMI，MPI　136
   9.1.2 ソケットの概念　138

9.2 ネットワークプログラミングの実際 ……………………………………… 139
 9.2.1 クライアントにおけるソケット利用の手順　139
 9.2.2 クライアントプログラムの例　145
 9.2.3 サーバにおけるソケット利用の手順　147
 9.2.4 サーバプログラムの例　149
第 9 章のまとめ ……………………………………………………………… 151
演習問題 ……………………………………………………………………… 152

演習問題略解 …………………………………………………………………… 153

索　　引 ………………………………………………………………………… 157

第1章 ネットワークシステムの構成

本章では,ネットワークシステムとは何かを考察し,コンピュータネットワークシステムの実例を紹介する.とくに,インターネット(Internet)とよばれるネットワークシステムについて,その構成や応用事例について述べる.その上で,ネットワークシステム構成の際に考えなければならない事項を整理する手法として,ネットワークアーキテクチャの考え方を導入する.

1.1 ネットワークシステムとは

1.1.1 ネットワークシステムとは何か

ネットワークシステムとは何か.端的にいえば,コンピュータなどの情報処理装置を,情報通信技術を用いて互いに結合して構成したシステムである.では,なぜコンピュータどうしを結びつけるのだろうか.それは,互いに結合することで,1台のコンピュータではできないことができるようになるからである.

コンピュータどうしを通信技術を用いて相互結合する

図 1.1 インターネット ネットワークシステムの典型例

たとえば，**インターネット**とよばれるネットワークシステムはその典型例である（図1.1）．インターネットで使われる電子メールシステムや**WWW**（world wide web，いわゆる「ホームページ」の機能を提供するシステム）は，コンピュータを相互に結合したネットワークシステムならではの機能である．

ネットワークシステムにはさまざまなものがある．インターネットはネットワークシステムの典型例ではあるが，唯一の例というわけではない．以下ではさまざまなネットワークシステムの具体例をみて，ネットワークシステムの能力や可能性を整理していく．表1.1にネットワークシステムの具体例についてまとめて示す．

表1.1 ネットワークシステムの具体例

ネットワークシステムの例	具体例と機能の説明
銀行CD・ATMネットワークシステム	口座管理を行うコンピュータと，ATM（現金自動預け払い機）やCD（現金自動支払機），窓口の端末コンピュータなどがネットワークシステムを構成することで，銀行のどの支店でも預け払いが可能となる．さらに，異なる銀行間でもネットワークシステムを互いに接続することで，異なる銀行のATMやCDも利用可能になる．
流通システム	流通業（たとえばコンビニエンスストアやスーパーマーケットなど）において，各店で売上管理や在庫・発注管理を行っているコンピュータを本部のコンピュータと相互に結合する．商品が販売されるのと同時にコンピュータに売上を集計することができる．また，レジで登録した顧客データも同時に集計できる．こうした売上データを用いて，商品売上の予測を行い，商品の発注・在庫管理を正確に行うことができる．
予約販売システム	JRの切符販売システムMARS（マルス）や航空券の予約販売システム，演奏会や芝居のチケット予約販売システムなど，切符等を予約販売するシステム．
生産管理システム	工場やプラントの制御・管理を行うシステム．FA（factory automation）のネットワーク化を含む．
網管理システム	電話網や電力網など，巨大ネットワークの管理運用を目的としたネットワークシステム．
個人情報管理システム	個人情報の管理や利用，保護を目的としたシステム．行政の保持する個人情報や，企業のもつ顧客情報，病院の個人病歴情報などが対象となる．
物流管理システム	貨物の流れを管理するためのネットワークシステム．宅配便の配送状況など，配送情報が利用者に直接開放されている場合もある．

例題1.1 複数のコンピュータを情報通信技術で結合すると，具体的にはどんなことができるようになるのだろうか．

解 複数のコンピュータを情報通信技術で結合すると，コンピュータ間でデータをやりとりできるようになる．それにより，各コンピュータの保有するデータを共有したり，各コンピュータの処理能力を互いに利用することが可能になる．これにより，ファイル共有や処理の分散化などの基本的な機能を利用できるようになり，さらにその基本機能を利用することで，電子メールやWWW（ホームページ）などのネットワークシステムが利用できるようになる．

1.1.2 金融機関のネットワークシステム

銀行のオンラインシステムは，ネットワークシステムの好例である．かつてネットワークシステムを用いていなかったころの銀行では，自分の口座への入金や口座からの出金は，口座を管理している特定の支店でしかできなかった．この事情は，銀行の口座管理にコンピュータを導入するだけでは改善されない．単体のコンピュータをある支店に導入したとしても，口座への入出金はやはりその支店でしか行うことができない．

これに対して，各支店のコンピュータどうしを結合することでネットワークシステムを構築すれば，どの支店からでもどの口座に対しても入出金が可能になる．さらに，銀行と他の銀行の間にネットワークシステムを拡張すれば，自

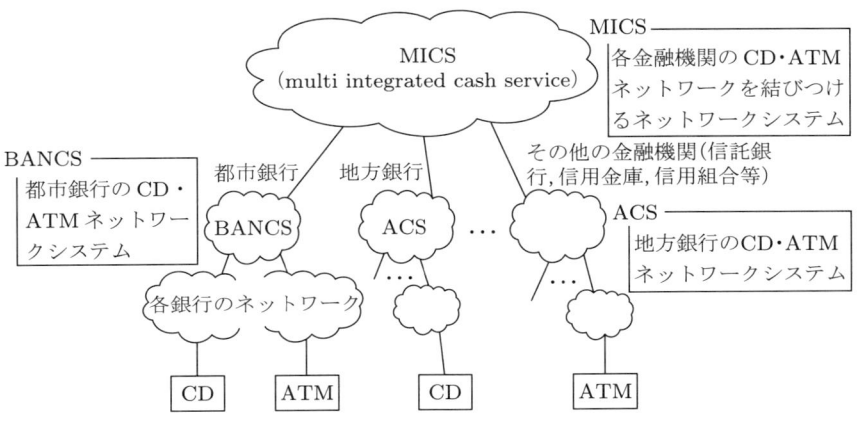

図 1.2 金融機関のCD・ATMネットワークシステム

分の口座に対してどの銀行からでも入出金が可能になる．

金融機関のネットワークシステムとしては，図 1.2 の CD・ATM ネットワークシステムに加え，振込や送金を支えるネットワークシステムも並立する形で存在する．わが国においては，全国銀行データ通信システム（全銀システム）が，振込や送金のためのネットワークシステムとしての役割を担っている．このように，コンピュータがネットワークシステムを構成することで初めて，現在実現されているような，口座への自由な入出金が可能となるのである．現在の金融ネットワークシステムでは，こうした銀行本来の業務を支援するいわゆる勘定系システムに加え，顧客情報や経営情報を管理する情報系システムも高度に発達している．

1.1.3　流通ネットワークシステム

流通システムでは，商品の売上や在庫の管理を行うコンピュータをネットワークシステム化することで，商品の発注データや売上データを瞬時に集計することが可能になる．

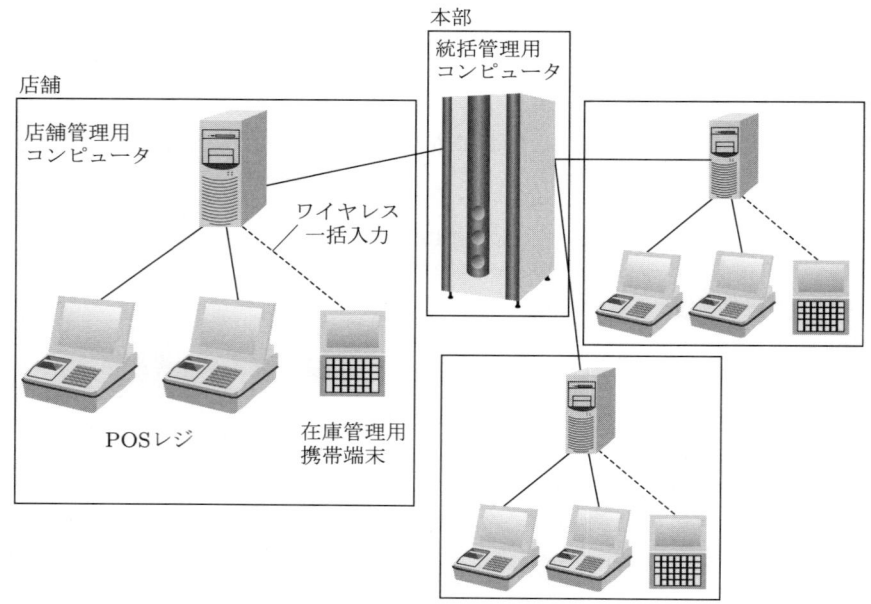

図 1.3　コンビニエンスストアにおけるネットワークシステムの構成例

たとえば，コンビニエンスストアではレジや店内携帯端末がネットワークシステムに組み込まれている（図1.3）．レジでは売上データを管理するだけでなく，顧客情報（年齢層や性別）を入力することで，いつ誰に対してどのようなものが売れたかを集計できる．このようなしくみをPOS（point of sales）とよぶ．POSの機能を用いて，今後の売れ行きを予測し，商品の仕入れに反映させることで，効率的な店舗運営が可能になる．POSは，流通業においてコンピュータをネットワークシステム化した成果である．

1.1.4 予約発券のネットワークシステム

金融ネットワークシステムとともに古くから存在するネットワークシステムに，予約発券のネットワークシステムがある．その中でもJRのMARS（マルス）システムは一つの典型例である．

MARSの稼動は旧国鉄時代にさかのぼり，1960年（昭和35年）にはすでにMARS1システムとして稼動している．図1.4に示すようにMARSはJRのみどりの窓口のほか，航空会社や旅行業者のコンピュータと相互接続しており，JRのチケットだけでなく航空券や宿泊の予約も取り扱っている．図1.4のJR − NETとは，JRの鉄道に沿って敷設された高速ネットワークのことである．

MARSのようなしくみは，単体のコンピュータでは実現することは不可能であり，コンピュータどうしを接続したネットワークシステムの導入によって，初めて可能になる．

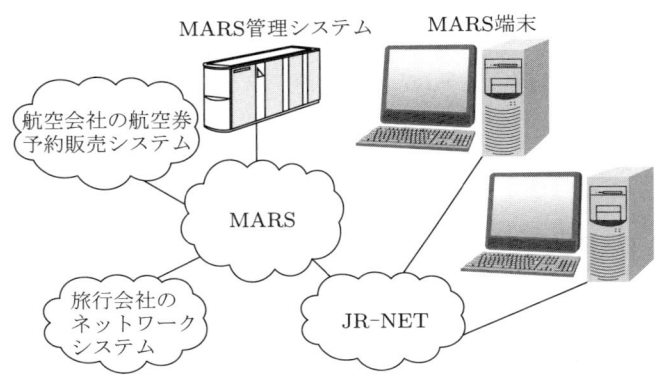

図1.4　JRの予約販売システム　MARS

1.1.5 生産管理ネットワークシステム

生産管理システムは，工場の生産ラインなどのコンピュータをネットワークシステムとすることで，情報の集中管理や実時間の利用を狙ったシステムである．網管理システムは，巨大な分散システムである電話網や電力送電網などを管理するためのネットワークシステムである．たとえば，電話網管理システムでは，全国の電話交換機から時々刻々報告される，通信量や故障に関する情報を，ネットワークシステムの機能を用いて集中管理している（図 1.5）．

全国に展開されている電話網はきわめて巨大な分散システムであるが，このようにネットワークシステムを用いることで，ほんの一握りの人数のオペレータにより全国の電話網を監視することが可能になる．

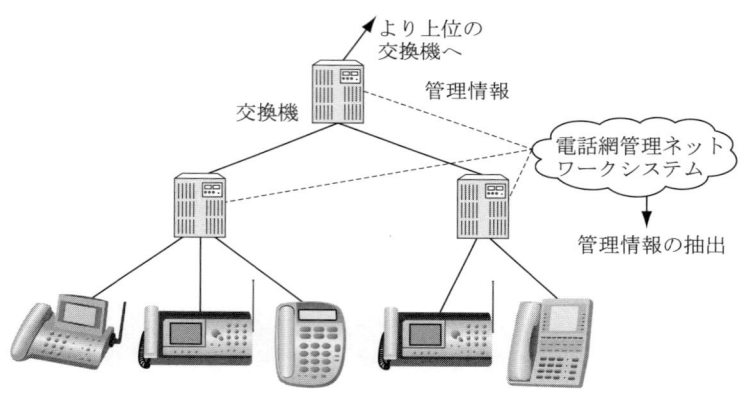

図 1.5 電話網管理システム

1.1.6 個人情報管理システムと物流管理システム

個人情報管理システムでは，個人情報の管理と利用が目的になる．特に，小売業などの企業のもつ顧客情報をネットワークシステム化する動きは CRM（customer relationship management）とよばれ，企業戦略遂行の重要な道具立てとなっている．

物流管理システムは，たとえば宅配便がいまどこを運ばれているかを，荷物を一つずつ把握することのできるネットワークシステムである．このシステムを一般に開放することにより，利用者（顧客）は自分の出した宅配便の配送状況を逐次知ることができる．

以上はネットワークシステムの一例にすぎない．現代社会は，こうしたさまざまなネットワークシステムによってその機能を支えられているといっても過言ではないだろう．

1.2　インターネット

前節では，さまざまなネットワークシステムを概観した．これらのネットワークシステムのうち多くのものは，他とは独立したネットワークシステムである．つまり，ネットワークどうしは互いに相互接続せずに，それぞれが自前の通信線を用いてネットワークを構築している．こうしたネットワークシステムは，いわば従来型のネットワークシステムである．従来型のネットワークシステムでは，ネットワーク管理組織が明確であり，運用に参加するコンピュータは管理組織が決定している．つまり，**中央集権的ネットワークシステム**である．

一方，こうした従来型の中央集権的ネットワークシステムに対して，自律分散型のネットワークシステムが爆発的に成長している．これが**インターネット**である．**自律分散型ネットワークシステム**とは，自律的に動作する個別のネットワークが，他のネットワークと互いに相互接続することで構成されるネットワークシステムである．

図 1.6 で，ネットワーク A〜D はそれぞれ別個に管理された，自律的に動作する個別のネットワークである．インターネットでは，それらのネットワークを相互に接続することで，ネットワークのネットワークを構成している．これにより，インターネットは相互に接続することが可能になるのである．ここで重要なことは，ネットワーク A〜D ではいずれも同じ約束事に従って通信が行われていることである．

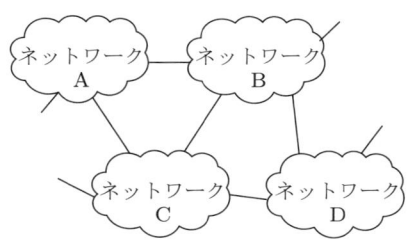

図 1.6　インターネットの構成

ネットワークシステム運営上の約束事のことをプロトコル（protocol）とよぶ．インターネットでは，後述する特定のプロトコル（IP や TCP，UDP 等）を用いることになっている．なお，プロトコルということばの本来の意味は，議定書とか外交上の儀礼とかいった意味である．

インターネットは，1969 年にアメリカで誕生した **ARPANET** が基礎となっている．ARPANET はアメリカ国防省の一部局である ARPA（高等研究計画局）が作ったネットワークシステムであり，当初 4 箇所の研究機関を結ぶネットワークであった．その後 1980 年代に入り，現在インターネットで用いられているプロトコルである TCP/IP が ARPANET で用いられるようになる．接続されるコンピュータの数も増え，ARPANET は時代とともに拡大して現在のインターネットへと発展していく．

1986 年には，インターネットの運営主体が **NSF**（national science foundation：全米科学財団）へ移行する．さらに，1990 年代に入ると，インターネットの運営は民間企業であるインターネットサービスプロバイダ，または単に**プロバイダ**とよばれるインターネット接続サービス業者の手にゆだねられることになる．

1990 年代はインターネットが爆発的に拡大した時代である．それ以前のインターネットは学術研究のためのネットワークという色彩が強かったが，1990 年代にプロバイダが運営の主体となるに及んで，インターネットの商業利用が可能になり，利用者も急激に増加したのである．

日本では，1980 年代に **JUNET** という名称のネットワークが成立し，1987 年には TCP/IP プロトコルを利用した **WIDE プロジェクト**のネットワークが稼動する．これがわが国におけるインターネットの基礎となる．1990 年代には日本でもプロバイダが運営するネットワークがインターネットの中心となり，インターネットが社会に浸透していった．そして 21 世紀に入ってからは高速大容量の通信回線が各家庭でも利用できるようになり，本格的なインターネット社会が到来したのである．

現在，インターネットは，インターネットサービスプロバイダによって支えられている．プロバイダが図 1.6 の A～D のようなネットワークを運営し，それらが相互接続されることでインターネットを構成している．各プロバイダを相互接続する設備を **IX**（internet exchange）とよぶ．日本では，WIDE プロジェクトによる NSPIXP（network service provider internet exchange point）とよぶ IX から始まり，現在では商用の IX を運用する会社が存在する．

　地理的には，国内の IX は東京や大阪などの大都市圏に存在するほか，それ以外の各地域でも IX を設置する動きが盛んである．これを**地域 IX** とよぶ場合がある．

　インターネットではさまざまなアプリケーションが利用可能である．図 1.7 に示すように，あるアプリケーションの機能を使って新たなアプリケーションを構築する場合もある．

　たとえば WWW を考えると，電子メールや電子ニュースの機能を WWW の枠組みを用いて実現することが可能である．また，個人向けの電子商取引である**オンラインショッピング**も，WWW の機能を用いて実現する例が多い．このようなしくみを，**Web サービス**とよんでいる．これは，独自のアプリケーションシステムを構築するよりも，既存のアプリケーションの枠組みを用いて新たなアプリケーションを構築する方が，ソフトの用意や利用方法の習得にかかる手間を考えると，開発者にとって開発しやすい上に，利用者にとっても利用しやすいシステムになるためである．

　これまで独自ネットワークとして運用されてきたネットワークシステムについても，インターネットを基盤として再構築を図る場合も多い．この意味で，インターネットは今後ネットワークシステムの基盤技術となっていくであろう．

図 1.7　インターネットにおけるアプリケーション

1.3 ネットワークアーキテクチャ

ネットワークシステムを構築し，ネットワークシステム内のコンピュータどうしが相互に通信を行うためには，共通のプロトコルが必要である．つまり，ネットワークシステム構築上の約束事であるプロトコルは，ネットワークに参加するコンピュータ間で相互に共有されていなければならない．とくにインターネットでは，プロトコルが公開されていて誰でもそのプロトコルを利用できるようにしておかなければならない．そこで，プロトコルの標準化作業，つまり皆で共通に用いるプロトコルをどうするかを決定する作業が必要になる．

プロトコルには，さまざまな領域の内容が含まれるのが普通である．たとえば，通信媒体として電線を使うのか電波を使うのかといった純粋にハードウェア的な内容から，WWW におけるイメージ情報の表現といったソフトウェア的な内容まで，プロトコルの対象となる領域は非常に幅が広い．

全般に渡ってプロトコルを標準化する際は，領域ごとにそれぞれプロトコルを決定しなければならない．一つのやり方として，プロトコルを階層化する方法がある．ハードウェアからソフトウェアまで積み上げるように階層化して，プロトコルをそれぞれの階層で決定するのである．プロトコルをどのように階層的に積み上げるかを示したのが**ネットワークアーキテクチャ**である．なお，アーキテクチャとは建築術とか建築様式とかいった意味のことばである．

ネットワークアーキテクチャの標準化にあたり，ISO（国際標準化機構）は 1983 年にアーキテクチャ構成のための標準モデルを示した．これは，**OSI 参照モデル**（open system interconnection reference model）とよばれるもので，ネットワークアーキテクチャの雛型の役割を果たしている．図 1.8 に OSI 参照モデルの各階層を示す．OSI 参照モデルはハードウェアのレベルからアプリケーションソフトウェアのレベルまでを 7 階層に分ける．OSI 参照モデル

アプリケーション層
プレゼンテーション層
セション層
トランスポート層
ネットワーク層
データリンク層
物理層

図 1.8 OSI 参照モデル

の各階層で扱う内容の概略を表 1.2 に示す.

OSI 参照モデルに従い各階層についてプロトコルを規定すると,一貫したネットワークアーキテクチャが構成される.また,各階層で具体的にどのようなプロトコルを用いるかは階層ごとに決定すればよく,階層ごとにそれぞれ異なるプロトコルを用いることも可能である.たとえば,物理層で通信路として電線を用いるか電波を用いるかにかかわらず,ネットワーク層プロトコルとして後述する IP を用いることができる.このように,OSI 参照モデルに従ってプロトコルを規定すれば,利用者からみてプロトコル選択の自由度が大きくなる.したがって,オープンなネットワークシステム構成が可能になるのである.

OSI 参照モデルにおいて,第 1 層から第 4 層までを**下位層**とよび,第 5 層から第 7 層までを**上位層**とよぶ.下位層の役割は,全世界のコンピュータのうちから通信の相手を選び出し,エラーの生じない仮想的通信回線を上位層に対して提供することである.上位層の役割は,下位層の機能を利用して,メールや WWW などの応用サービスを利用者に提供することにある.

本書では,次章以降,まず下位層について,第 1 層の物理層から第 4 層の

表 1.2 OSI 参照モデルの各階層

上位/下位層	階層	名称	規定する内容	具体例の名称
上位層	第 7 層	アプリケーション層	アプリケーション(応用)ソフトウェア.	HTTP FTP SMTP POP IMAP4 TELNET
	第 6 層	プレゼンテーション層	データ表現,たとえば文字や図形の表現方法など.	
	第 5 層	セション層	通信の中断や再開など,セッションの管理.	
下位層	第 4 層	トランスポート層	1~3 層の働きを補完し,エラーのない完全な通信路を上位層に対して提供する.	TCP UDP
	第 3 層	ネットワーク層	複数のコンピュータの中から相手となる 1 台のコンピュータを探して接続を確立する.	IP
	第 2 層	データリンク層	直接繋がったコンピュータどうしのデータ交換の方法.	イーサネット ATM FDDI
	第 1 層	物理層	通信における物理的規約,たとえば信号の形式や伝送媒体,コネクタ形状など.	イーサネット ATM FDDI

トランスポート層までを順にその具体的実装例である各種のプロトコルについて説明する．とくに，インターネットで用いられているプロトコルを中心に解説する．その後，上位層プロトコルの具体例として，WWW のプロトコルである HTTP や，インターネット電子メールのプロトコルである SMTP 等を取り上げて説明する．さらに，ネットワークの挙動を調べるためのネットワークツールの挙動や，ネットワークプログラミングの基礎を示してネットワークシステムへの理解を深めることにする．

第 1 章のまとめ

- **ネットワークシステム**とは，コンピュータなどの情報処理装置を，情報通信技術を用いて互いに結合して構成したシステムである．
- ネットワークシステムの具体例として，金融機関のネットワークシステム，流通ネットワークシステム，予約発券のネットワークシステム，生産管理ネットワークシステム，個人情報管理システム，物流管理システムなどがある．
- **インターネット**は，自律分散型のネットワークシステムである．
- **ネットワークアーキテクチャ**とは，プロトコルの体系のことである．
- **OSI 参照モデル**は，ネットワークアーキテクチャ構築のための標準モデルである．

演習問題

1.1 銀行などの金融機関は，ネットワークシステムを前提とした，ある種の情報処理産業である．しかし，もしネットワークシステムが存在しなかったら，金融機関はどのようにして顧客の口座を管理すべきだろうか．

1.2 コンビニエンスストアやスーパーマーケットなどでは，常に大量の商品が欠品なく陳列されているようにみえる．こうした店舗の倉庫には，大量の在庫があるのだろうか．

1.3 インターネット成立の過程を調べなさい．インターネット成立に重要な意味をもつ ARPANET は，当初は軍事目的で研究開発されたといわれるが，本当だろうか．

1.4 ネットワークアーキテクチャの考え方はなぜ必要なのか．ネットワークアーキテクチャの考え方がなかったら，ネットワークシステムの構築にどのような影響を与えるのだろうか．

第2章 物理層のプロトコル

本章では物理層のプロトコルについて概説する．とくに，インターネットで用いられることの多いイーサネットやxDSL，無線LAN，およびケーブルモデムなどの技術を取り上げる．

2.1 物理層の構成

OSI参照モデルの第1層にあたる物理層では，物理的な意味で通信を行うために必要となる物理的および電気的な規格に関するプロトコルを規定する．具体的には，通信路としてどの媒体を選ぶか，通信に用いる信号をどう構成するか，信号をどう送出するか，などを規定するプロトコルである．

図2.1に，物理層からみたコンピュータネットワークの構成を示す．**DTE**（data terminal equipment）はデータ端末装置のことで，コンピュータなどの装置である．また，**DCE**（data circuit terminating equipment）はデータ回線終端装置であり，DTEとネットワークを接続するためのインタフェースである．DCEとして用いる装置には，後述するモデムやDSU（digital service unit）などがある．

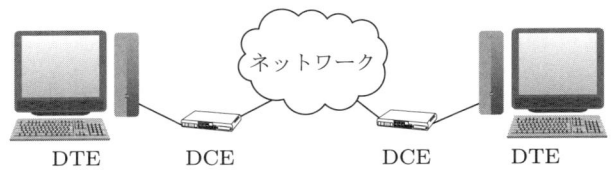

図 2.1　ネットワークの物理的構成

2.2 通信路の種類

本節では，通信路として用いられる伝送媒体の種類ごとに，その特徴を説明する．

2.2.1 銅線

ネットワークシステムで用いられる通信路のうち，もっとも一般的なものは**銅線**であろう．LAN (local area network) は，ある組織内や建物内など，限られた範囲に敷設するコンピュータネットワークを意味する言葉である．LANの物理層プロトコルとして一般的なイーサネットでは，ツイストペア線や同軸ケーブルなどの銅線を用いるのが普通である．なお，イーサネットにはデータリンク層プロトコルも含まれるが，データリンク層プロトコルについては次章で説明する．

ツイストペア線 (twisted pair cable) は，2本の線をより合わせて一組として電気信号を伝送する銅線である．より合わせることで，2本の線を並行に並べる場合に比べて電気的特性が向上し，外部からの雑音に強くなる．このため，信号線の周囲を網線で覆うなどの電気的なシールド（遮蔽）をしなくても，雑音の影響を受けにくい．実際，イーサネットで用いるツイストペア線は，シールドをしていない．シールドなしのツイストペア線をとくに，**UTP** (unshielded twisted pair cable) とよぶ（図2.2）．図のUTPはイーサネットで用いるもので，とくにギガビットイーサネットに対応したものである．

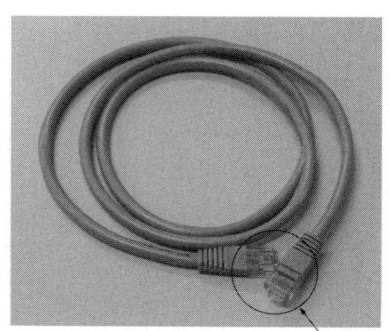

RJ-45コネクタ

図2.2 UTP（エンハンスド カテゴリ5ケーブル）

| 例題2.1 | 図2.2のようなLAN用UTPは，内部に何本の銅線が入っているだろうか．身近にある実物で調べなさい（コネクタ部分を調べるとわかりやすい）． |

解　8本の銅線が，2本ずつより合わされて入っている．

ギガビットイーサネットとは，毎秒1ギガビットの通信能力をもつイーサネットである．ネットワークシステムにおいて，1秒あたりの通信速度を，bps（bits per second）という単位であらわす．bpsを使ってあらわすと，ギガビットイーサネットの通信速度は1 Gbpsである．イーサネットの種類や規格に関する詳細は後で述べる．

ツイストペア線を用いてネットワークシステムを構成するには，ツイストペア線どうしを接続しなければならない．このためには，**ハブ**（hub）とよぶ装置を用いる．ツイストペア線とハブを用いてLANを構成する場合の構成を図2.3に示す．イーサネットでは，ツイストペア線の両端にRJ-45とよぶコネクタをつけて用いる．ハブには，RJ-45に適合した接続口が複数用意されており，差し込むだけで簡単にネットワークを構成することができる．

ネットワークシステムに用いられる銅線としては，ツイストペア線以外にも**同軸ケーブル**や電灯線等がある．このうち同軸ケーブルは，高周波信号を伝送するために用いる銅線で，身近な用例としてはアンテナとテレビを結ぶ線として用いられている．

同軸ケーブルは図2.4に示すように，同軸ケーブルは中心部分の内部導体（単芯，または，より線の銅線）と，ポリエチレンなどの絶縁体をはさんで周囲をとりまく外部導体（編組の銅線など）から構成されている．構造上，同軸ケー

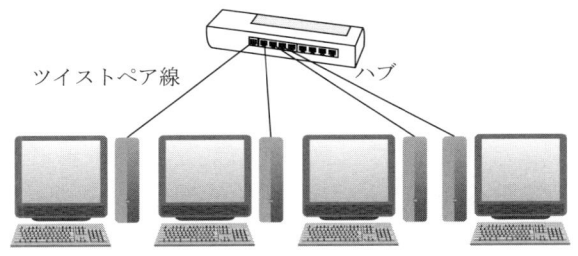

図2.3　ツイストペア線とハブによるLANの構成

16　第2章　物理層のプロトコル

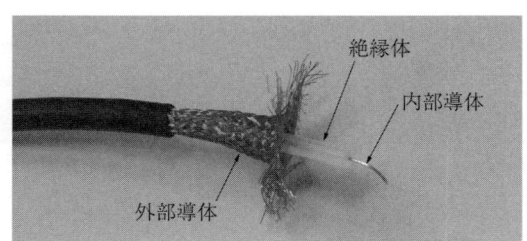

図 2.4　同軸ケーブルの構造（高周波同軸ケーブル，ポリエチレン絶縁編組形）

ブルはツイストペア線と比較して，直径が大きく折り曲げにくい．このため，実際の配線を考えると同軸ケーブルはツイストペア線と比較して扱いにくい．イーサネットは本来，同軸ケーブルを用いるネットワークシステムであるが，最近では同軸ケーブルより扱いの容易なツイストペア線を用いるのが普通である．

　図 2.5 のように，**電灯線**をネットワークの媒体に用いる場合もある．つまり，電灯線の配線にネットワークシステムで利用する信号をのせることで，電灯線を通して通信に必要な情報を伝達するのである．この方法の利点は，電灯線の配線さえあれば，それとは別にネットワークの配線を行う必要がないという点である．たとえば家庭内での利用を考えると，LANのための配線を行う必要がなくなり，電灯線のコンセントだけがあれば，ネットワークのための信号を取り出せることになる．ネットワークのための信号が他の無線機器と干渉する恐れがあるなど，システム上の障害はあるが，ネットワーク構成の新手法として注目されている．

　ここまでは，LAN を「限られた範囲に敷設するコンピュータネットワーク」として説明してきた．用語の説明としてはこれで十分であるが，定義としては

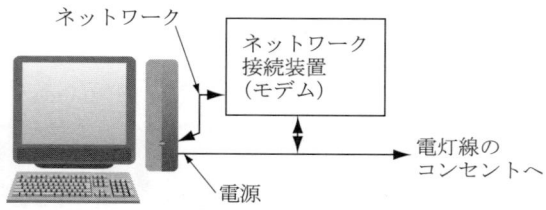

図 2.5　電灯線を用いたネットワーク接続

曖昧である．またその規模も，2〜3台のコンピュータで構成するLANがある一方で，数千台のコンピュータを収容するLANも存在する．こうしたことからわかるように，LANを地理的な広がりの程度によって定義することには無理がある．むしろLANとは，ネットワークの管理・運用組織とネットワーク敷設者が同一であるようなネットワークであると考える方がよい．つまり，会社や学校などが自前で敷設したネットワークは規模の大小にかかわらずLANであり，電話会社などの通信事業者が提供するサービスを利用して構成したネットワークはLANとはよばないのである．

2.2.2 光ファイバケーブル

銅線を用いた電気信号よりも高速な通信を行うには，光信号を用いる方法がある．光による通信では，媒体として**光ファイバケーブル**を用いる．光ファイバケーブルは，ガラスやプラスチックの繊維を通信ケーブルとして用いるもので，繊維の中に光を通し，光信号を用いて通信を行う．

光ファイバケーブルでは，屈折率の異なるガラス（またはプラスチック）を組合せることで，ファイバ外部に光が漏れないように工夫がしてある．図2.6に光ファイバケーブルの構造を示す．中心部分には**コア**とよばれる**高屈折率**の部分があり，その周囲を**クラッド**という**低屈折率**の部分が取り囲んでいる．この間を反射・屈折しながら光が進んでいくため，ケーブルの外部に光はもれない．

光ファイバケーブルには，大きく分けてシングルモードとマルチモードの二種類がある．**シングルモード光ファイバケーブル**はコアの直径が小さく，光が分散せずに伝送されるため，長距離の信号伝送が可能である．ただし，コアの直径が小さいため接続などの取扱いが不便で，また一般に高価である．一方，**マルチモード光ファイバケーブル**はコアの径が大きく，伝送距離の制限は厳し

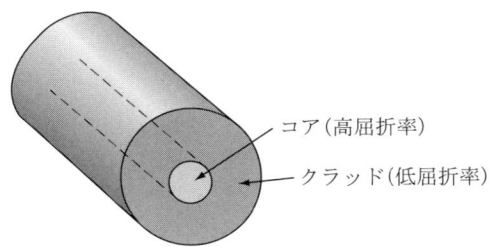

図2.6　光ファイバケーブルの構造

表 2.1 光ファイバケーブルの分類

モード	名　称	特　徴
シングルモード	シングルモード光ファイバケーブル	コアの直径が小さい．長距離伝送用．
マルチモード	ステップ型マルチモード光ファイバケーブル	コアの直径が大きい．短距離伝送用．
	グレーデッド型マルチモード光ファイバケーブル	コアとクラッドの区別がなく，屈折率が連続的に変化する．短距離伝送用．

いが，取扱いが容易で安価である．マルチモード光ファイバケーブルには，コアとクラッドの境目がなく，屈折率が連続して変化するタイプのものもある．表 2.1 に光ファイバケーブルの分類を示す．

　光ファイバケーブルの例を図 2.7 に示す．(a) は**屋外配線用**のケーブルを切断して，内部のファイバを露出させたものである．屋外配線用のケーブルは雨水などに耐えられるよう被覆が厚く，かつ電柱や建物の間に張り巡らせる際の張力に耐えられるよう，中心部分にワイヤが入っている．(b) の**屋内配線用**の光ファイバケーブルは，コンピュータとネットワーク機器を接続するなど，屋内で機器どうしを接続するためのケーブルである．このため風雨や張力に耐

(a) 屋外配線用

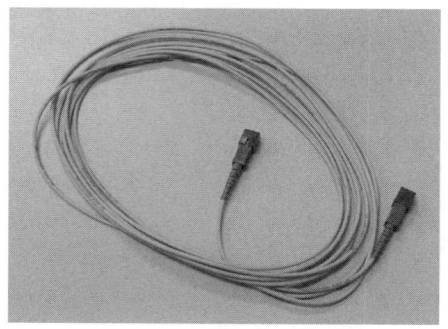

(b) 室内配線用

図 2.7 光ファイバケーブルの例

える必要はなく，むしろ配線の手間を考えるとできるだけ柔軟な方が都合がよい．そこで屋内配線用では，被覆は薄く，ワイヤなども入っていない．

> **例題2.2** 光ファイバケーブルとネットワーク機器は，どのように接続するのだろうか．また，光ファイバケーブルどうしは，どのようにして相互接続するのだろうか．
>
> **解** ネットワーク機器と光ファイバケーブルを接続する場合には，コネクタを用いる．光のコネクタは電気のコネクタ同様，着脱は容易である．これとは別に，2本の光ファイバケーブルを物理的に接合する場合には，2本のケーブルを向かい合わせに配置した上で，接合部分を熱で溶かして両者を接続（融着）する．この操作は精密な位置合わせを必要とする．

2.2.3 赤外線

赤外線を用いたネットワーク接続形態は大きく二つに分類できる．一つは室内に設置したコンピュータを接続するためのものであり，もう一つは屋外遠距離の2点間を接続するためのものである．

赤外線の室内での利用では，複数のコンピュータを接続するものと，2台のコンピュータ，あるいはコンピュータと周辺機器を接続するものとがある．複数のコンピュータを赤外線を用いて接続すると，ケーブルを使わずにLANを構築することができる．この場合，赤外線を中継するための中継器を天井などに設置し，コンピュータの赤外線ネットワークインタフェースと中継器が見通せるように配置する（図2.8）．赤外線LANは，ケーブルを敷設する必要がないため，ケーブルを用いたネットワークと比較してネットワークの物理的構造を柔軟に設計することができる．通信速度も数十〜数百Mbpsと高速である．

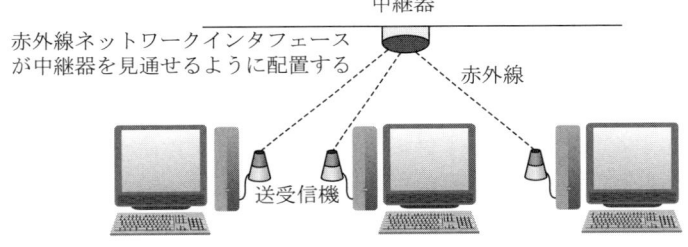

図2.8 赤外線を用いた屋内LAN

屋内における一対一の接続には，**IrDA**（infrared data association）という規格を用いる場合が多い．IrDA は，コンピュータと周辺機器を赤外線を用いて接続するための規格である．本来は，シリアルケーブルによる接続を赤外線接続に代替するために開発された．IrDA インタフェースは汎用のインタフェースであり，標準で備えるパーソナルコンピュータも多いため，周辺機器の接続に用いるほか，一対一のコンピュータ接続でファイル転送などの用途に用いるのにも便利である．

屋外遠距離の 2 点間接続では，100 Mbps 以上の通信速度で数 km 離れた 2 点間を接続することのできる赤外線通信システムが実用化されている．同じ通信速度の接続を電波を用いて実現すると，大規模な施設が必要な上に，法律による規制を受ける．降雪などの天候の影響を受ける可能性はあるが，屋外遠距離の 2 点間接続にも赤外線ネットワークシステムは有効である（図 2.9）．

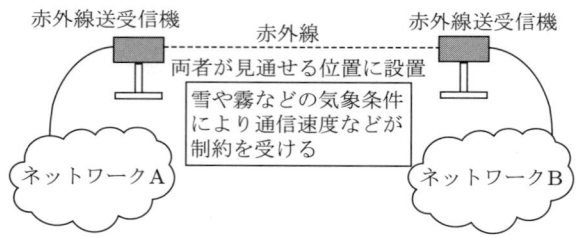

図 2.9　赤外線を用いた 2 点間の接続

2.2.4　電　波

ネットワークシステムにおいて，通信の媒体として**電波**を用いることは一つのトレンドである．携帯電話や PHS でのネットワーク接続については次節で扱うことにして，ここではそれ以外の接続形態について述べる．

電波によるネットワークシステムの典型例として，**ワイヤレス LAN** がある．ワイヤレス LAN とは，イーサネットに代表される有線 LAN の通信媒体を電波に変更したネットワークである．通常は，特定の部屋の内部などの限られた範囲に存在するコンピュータを対象とし，ツイストペア線で配線をするかわりに電波を使って LAN を構成するといった用途に用いられる（図 2.10）．この意味で，ワイヤレス LAN は赤外線を用いた LAN とよく似た性格をもっている．

しかし，赤外線と異なり，電波を用いるワイヤレス LAN では，基地局と端

2.2 通信路の種類　21

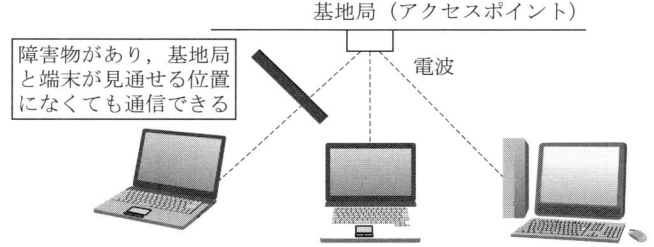

図 2.10　ワイヤレス LAN の室内での利用

末を見通せる位置に配置する必要はない．また，接続対象の無線局を増やせば，携帯電話によるネットワーク接続と似たような利用方法もとることができる．ワイヤレス LAN は，室内でコンピュータを頻繁に移動する場合や，不特定多数の人がコンピュータをもち込んでネットワークを接続する場合などに有効である．

図 2.11 に示すように，配線が省略できる利点を生かして，建物内への引き込み配線のかわりにワイヤレス LAN を使う場合もある．利用者の建物近くの電柱までは光ケーブルなどでネットワークを配線し，電柱から先，建物内部のコンピュータまでの配線をなくしてワイヤレス LAN で接続するのである．この場合，設備や保守の費用を削減できる効果がある．

電波を媒体として，屋外の 2 点間を一対一で結ぶ場合もある．赤外線の場合と同様に，それぞれの地点に無線局をおいて，電波で結ぶ．公道をはさんで向かい合ったビルの間を結ぶ場合などでよく用いられる．

同じ一対一の接続でも，近距離の機器を相互接続するために用いる規格があ

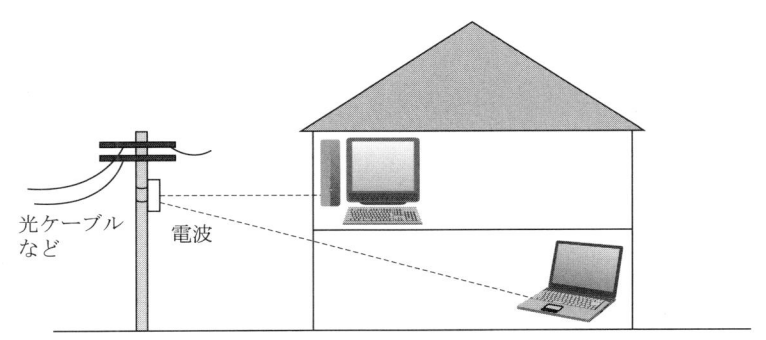

図 2.11　ワイヤレス LAN を用いたネットワーク配線

る．**ブルートゥース**（bluetooth）がそれである．通信距離は標準で 10 m 程度，通信速度は 1 Mbps であり，コンピュータと周辺機器を接続したり，LAN を構成したりするのに用いることができる．ブルートゥースは周辺機器に組み込むことを前提として開発されているため，一般の無線装置と比較して低消費電力・低コストの機器を作成することが容易なように規格が決められている．ブルートゥースは，コンピュータだけでなく，携帯電話を周辺機器と接続するための技術としても注目されている．

電波を使うネットワークシステムの技術として，**通信衛星**とコンピュータネットワークを融合する方法もある．図 2.12 に示すように，クライアントコンピュータからのデータ要求は電話回線などを用いて行い，それに対する応答を通信衛星から受け取るようにネットワークシステムを構成する．データ要求に必要なデータ量はごく小さいが，応答のデータ量が多いようなネットワークシステムではこの方法が有効である．

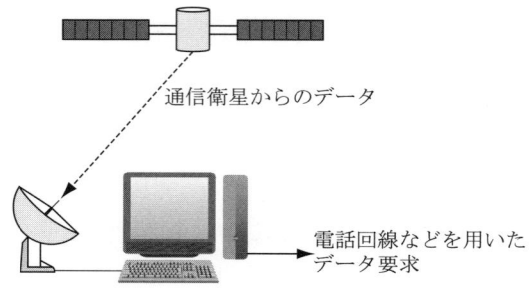

図 2.12　通信衛星を利用したネットワーク接続

2.2.5　電話網

電話システムはそれ自体高度なネットワークシステムである．電話システムをコンピュータネットワークシステムのインフラとしてとらえた場合，大きく分けて**アナログ系電話網**と**ディジタル系電話網**に分類できる．

アナログ系では，音声信号を電圧波形などのアナログ電気信号に変換し，これを伝送する．これに対してディジタル系では，音声信号を電気信号に変換したあと，さらにディジタル符号に変換する．この操作をアナログ–ディジタル変換（AD 変換）とよぶ．ディジタル系の電話網ではディジタル符号を伝送し，最後にまたディジタル信号をアナログ信号に変換する．この操作を，ディジタ

ル−アナログ変換（DA変換）とよぶ．電話網をコンピュータネットワークシステムの伝送手段として考えれば，直接ディジタル信号を伝送することのできるディジタル系の電話網の方が有利である．

アナログ系電話システムの代表例は，従来から音声通信の手段として発達してきた，いわゆる**固定電話**の電話網である．かつて固定電話の電話網では，すべての段階で音声信号をアナログ信号として伝送していた．つまり，加入者側の電話機から最寄りの電話局内の電話交換機，電話交換機のネットワーク内までと，すべての音声をアナログ信号として伝送していたのである．これに対して現在では，アナログで信号を伝送するのは電話機と交換機の間だけであり，交換機どうしを結ぶ電話網はディジタル化されている．この意味では，アナログ電話網といっても，そのほとんどの部分はディジタル網であるといえる．

さらに近年では，従来の交換機に基づく電話システムを，インターネットのプロトコルを用いたディジタルネットワークシステムに置き換えようとする動きも盛んである．いわゆる **IP (internet protocol) 電話**がそれである．交換機を用いた電話ネットワークは設置や維持のコストが莫大なものになる．これに比較すると，インターネットのプロトコルに基づくネットワークシステムは安価に構築・維持できる．そこで，従来の電話ネットワークをIP電話に置き換えようという発想が生まれたのである．これは，大型計算機をパーソナルコンピュータに置き換えることでコストダウンを実現した，ダウンサイジングの発想と通じるものがある．

アナログ系の電話システムを利用してディジタルデータを送受信するには，ディジタルデータを音に変換する必要がある．この変換を行う装置を**モデム** (modem) とよぶ．モデムは，モジュレータ / デモジュレータの略で，変調と復調を行う装置という意味である．図2.13に示すように，アナログ系の電話で用いるモデムでは，コンピュータからのディジタル信号を音の信号というアナログ信号に変換する．ネットワークの観点からは，モデムはDCEの一種に分類される．

モデムを用いると，電話局への「上り」方向で32 Kbps，反対の「下り」方向で56 Kbps の通信を行うことができる．これは，アナログ電話網の中継を行っているのが実はディジタル網であることと，そのディジタル網は64 Kbpsの通信速度で稼動しているためである．上り下りで速度が異なるのは，下りのDA変換では64 Kbps程度の速度で変換ができるのに対して，上りの

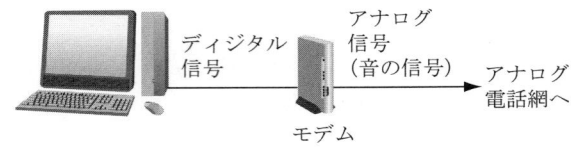

図 2.13　モデムによるディジタル通信

AD 変換は原理的に伝送速度の 1/2 の 32 Kbps の速度でしかデータを変換できないためである．

ディジタル系の電話網には，ディジタル専用回線や ISDN 回線，パケット交換網，フレームリレー網などがある．

ディジタル専用回線は，ディジタル信号を運ぶための専用回線であり，ネットワークシステム構築の手段として古くから用いられてきた．専用回線なので 2 点間を直結でき，電話のような「お話中」の状態がない．そのかわり，利用料金は高額である．

パケット交換網は，ある一定量のデータをひとまとめとした**パケット**とよばれるデータのかたまりを伝送するための通信網である．パケットの量と通信距離に応じて課金されるが，専用回線と比較すると一般には安価である．**フレームリレー**はパケット交換網の一種であるが，誤り訂正を簡略化するなどの方法で高速化を図ったデータ通信網である．

ISDN 回線は，ディジタルデータや音声データ，画像などの**マルチメディアデータ**を一括してディジタル系の回線で扱うための回線である．一般家庭でディジタル回線を使う場合には，従来の音声電話と親和性の高い ISDN 回線を使う場合が多い．ディジタル専用線やパケット交換網，フレームリレーおよび ISDN のサービスの比較を表 2.2 に示す．

ISDN 網を構成する技術として，**ATM**（asynchronous transfer mode）というプロトコルがある．ATM は物理層とデータリンク層にまたがるプロトコルであり，主として高品質な光ケーブルを用いて高速にマルチメディアデータを転送するためのプロトコルである．ATM では，データを **ATM セル**とよばれる細かい断片に分解し，高速なハードウェアを用いてデータを伝送する．

ATM は主として広帯域 ISDN 網を構成するために発展した技術であるが，コンピュータネットワークシステムのインフラとして用いることもできる．ATM の回線を直接借りて広域ネットワークを構築することも可能である．こ

2.2 通信路の種類

表 2.2 さまざまな通信サービスの比較

種　類	通信速度	交換方式	特　徴	具体例
ディジタル専用線	数十 Kbps 〜数 Gbps 以上	交換機を通らない（2点間を直結）	距離や通信速度，提供される機能に応じてさまざまなサービスが用意されている．価格も月数万円から1000万円以上とさまざま．	ディジタルアクセス，ATM メガリンク，ギガデータリンク（NTT），ATM 専用サービス，高速ディジタル伝送サービス（KDDI）など．
パケット交換網	数 Kbps 〜数十 Kbps	パケットを個々に伝送	回線を占有せず，パケット単位でデータを伝送．	DDX-P（NTT），VENUS-P（KDDI）など．
フレームリレー	数十 Kbps 〜数 Mbps	パケットを個々に伝送	パケット交換網より高速．マルチプロトコルに対応．	フレームリレー（NTT），ANDROMEGA FR（KDDI）など．
ISDN	64 Kbps 〜1.5 Mbps	交換機を通る（回線交換）	さまざまなメディアを統合的にディジタルデータとして扱う．専用線と比較して安価．	INS ネット 64，INS ネット 1500（NTT）など．

の場合，費用を度外視すれば，たとえば 600 Mbps といった超高速のサービスを受けることもできる．

　高速ネットワークサービスということでは，光ファイバを用いた接続サービスが普及している．家庭などの一般利用者に対して光ファイバ接続による高速通信サービスを提供する構想を，**FTTH**（fiber to the home）とよぶ．たとえば NTT の B フレッツでは，光ファイバを用いた最高 100 Mbps の常時接続サービスを提供している．接続先は NTT の有する地域 IP 網であり，地域 IP 網を経由して適当なプロバイダに接続する．今後，FTTH による高速常時接続が全国どこでも使えるようになるだろう．

　電話線を単なる銅線として利用する技術もある．ADSL などの **xDSL**（digital subscriber line）技術がそれである．名前の由来となっている subscriber line とは，電話機と電話局を結ぶ線のことであり，xDSL とは電話線を銅線として使ってディジタル信号をやりとりする技術の総称である．

　xDSL では，電話では使用しない高い周波数の信号を使ってディジタル信号を伝送する．このため，一般に電話を使用しながら同時に xDSL によるディジタル通信を行うことができる．ADSL のシステム構成を図 2.14 に示す．加入者の送り出したディジタルデータは，電話線を使って電話局内のネットワーク接続装置まで運ばれる．ネットワーク接続装置を管理するのはプロバイダで

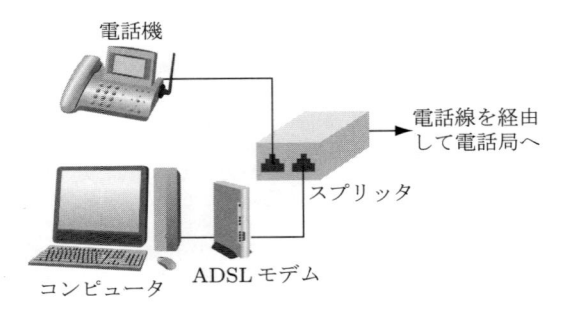

図 2.14 加入者側から見た ADSL のシステム構成

ある．ネットワーク接続装置の先は，プロバイダの管理するコンピュータネットワークに接続される．

携帯電話や **PHS** などの移動体電話も，ネットワークシステムの一部として大きな役割を果たしている．現在の携帯電話や PHS は，いずれもディジタルによる情報伝送を行っており，音声や電子メールの伝送は，すべてディジタルデータとして伝送される．この機能をネットワークシステムのインフラとして用いることで，いわゆる**モバイルネットワーク**を構築することができる．

携帯電話や PHS は，それぞれ独自のネットワークを有している．その中で情報の交換ができるのは当然であるが，さらに，携帯電話や PHS の独自ネットワークとインターネットの間に変換装置をおくことで，インターネットとの間で情報を交換することが可能になる（図 2.15）．このような変換装置のことを**ゲートウェイ**とよぶ．ゲートウェイの機能を用いることで，携帯電話からインターネットへ電子メールを送信したり，インターネットの WWW サイトを

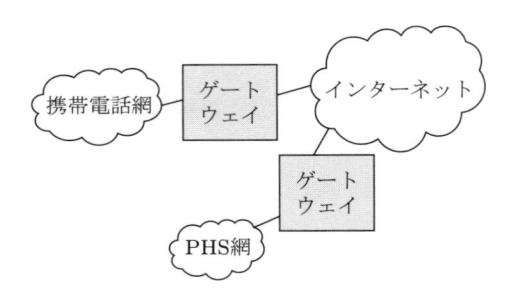

図 2.15 携帯電話網や PHS 網とインターネットとの関係

検索したりすることができるのである．

> **例題 2.3** 10 M バイトの画像データをダウンロードする場合を考える．実質的な通信速度が 1 Mbps の ADSL を用いる場合と，50 Mbps の光ファイバケーブル接続を用いる場合のそれぞれについて，ダウンロードに要する時間を計算しなさい．
>
> **解** 1 Mbps の ADSL の場合
> 10 M バイト × 8 ビット / バイト ÷ 1 Mbps = 80（秒）
> 50 Mbps の光ファイバケーブル接続の場合
> 10 M バイト × 8 ビット / バイト ÷ 50 Mbps = 1.6（秒）

2.3 ネットワークシステムにみる物理層の実現例

本節では，物理層プロトコルの典型的な実現例を示す．

2.3.1 イーサネット

イーサネットは，OSI 参照モデルの物理層からデータリンク層にまたがる規格である．元来，イーサネットは LAN を実現するためのネットワーク規格であるが，現在では広域ネットワークにおいてもイーサネットのプロトコルを用いることがある．

イーサネットの歴史は古く，Xerox 社がイーサネットの原型となる規格を提案したのは 1970 年代である．その後，アメリカの電子通信学会 IEEE がイーサネットの標準化作業を行い，現在のイーサネットの規格が定まった．イーサネットの標準化を検討した IEEE の委員会は，802 委員会とよばれている組織である．この名前は，この委員会が 1980 年の 2 月に発足したことに由来している．802 委員会にはワーキンググループがいくつかあるが，そのうちの一つにより，イーサネットの標準規格である IEEE802.3 が策定された．

現在，イーサネットの標準規格にはさまざまなものが存在する．通信媒体として同軸ケーブルやツイストペア線などの銅線を用いるものや，光ファイバケーブルを用いるものなどがある．通信速度も 10 Mbps から 1 Gbps 以上までさまざまである．

表 2.3 にイーサネットの代表的な規格を示す．イーサネットの規格は，通信

表 2.3 イーサネットの諸規格（代表例）

規格の名称	通信媒体	通信速度
10 base-T	ツイストペア線	10 Mbps
100 base-TX	ツイストペア線	100 Mbps
1000 base-T	ツイストペア線	1 Gbps (1000 Mbps)
1000 base-SX	光ケーブル（マルチモード）	1 Gbps (1000 Mbps)
1000 base-LX	光ケーブル（シングルモード）	1 Gbps (1000 Mbps)

1000 base -T

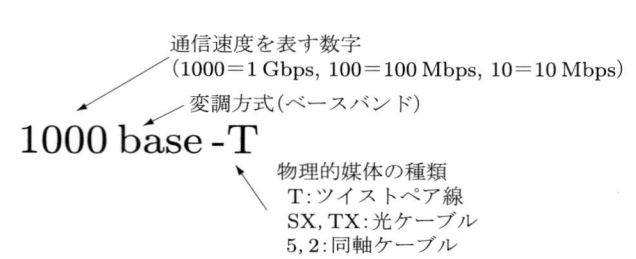

- 通信速度を表す数字（1000＝1 Gbps, 100＝100 Mbps, 10＝10 Mbps）
- 変調方式(ベースバンド)
- 物理的媒体の種類
  T：ツイストペア線
  SX, TX：光ケーブル
  5, 2：同軸ケーブル

図 2.16 イーサネットの規格名称

速度を表す数字と，信号の変調方式，および通信路の媒体を表す記号で表現される（図 2.16）．

IEEE の 802 委員会では，電波を伝送路として用いる規格も検討している．802.11b や 802.11g，また 802.11a などの規格がそれである（表 2.4）．これらの規格は，802.3（イーサネット）との整合性を考慮しつつ決められている．このため，アクセスポイントまでの配線を行う有線 LAN としてイーサネットを用いると，ネットワークシステムの構成が容易である．

なお，ワイヤレス LAN では，接続先を物理的に制限することが困難であることから，有線 LAN と比較してセキュリティ上の問題がより深刻である．このためワイヤレス LAN では，後述する暗号化や，アドレスに基づくアクセス

表 2.4 ワイヤレス LAN の諸規格

名　称	伝送速度	周波数帯域	特　徴
802.11b	最大 11 Mbps	2.4 GHz	初期に製品が普及したため，製品がもっとも豊富である．電子レンジなどと同じ周波数帯域を用いているため，雑音の影響を受けやすい．
802.11a	最大 54 Mbps	5 GHz	高速だが，802.11b と互換性はない．現在のところ，電波法による規制から，日本では屋外での利用はできない．
802.11g	最大 54 Mbps	2.4 GHz	802.11b と同じ周波数帯域を利用し，802.11b と互換性のある高速ネットワーク．802.11b と混在させて用いることができる．

制限，無線ステーションのステルス化などのセキュリティ技術が必須となる．

2.3.2 xDSL

先に述べたように，xDSL は電話線を銅線として用いることで，高速でディジタルデータを伝送するしくみである．xDSL には，ADSL（asymmetric digital subscriber line），VDSL（very high-bit-rate digital subscriber line），HDSL（high-bit-rate digital subscriber line），SDSL（symmetric digital subscriber line）など，さまざまな規格がある．

ADSL では，電話局へ向かう上り方向で数百 Kbps〜数 Mbps 程度，下り方向で数 Mbps〜数十 Mbps 程度である．ただしこれらの値は最大値である．ADSL は ISDN や専用回線と異なり，状況によって通信速度に制限を受けるのが普通である．これは，ADSL の用いる電話線は，本来ディジタルデータを伝送するようにできていないため，電話局からの距離により通信が理想的に行えない場合があるからである．さらに，隣接する ISDN の回線から雑音となる信号を受けたり，その他の電磁波が雑音として電話線に混入することもある．こうしたことから，ADSL では，最大の通信速度を利用できることはむしろ少ないのが現実である．

2.3.3 CATV

CATV（ケーブルテレビ）網は，物理的には同軸ケーブル等の通信路で各家庭とテレビ局を結んだネットワークである．そこで，CATV 放送用の同軸ケーブルにディジタルデータを多重化してのせることで，放送用の同軸ケーブルを使ったコンピュータネットワークシステムを構築することができる．

CATV 網を用いたネットワークシステムの構成方法を図 2.17(a) に示す．CATV 網によるネットワークは，xDSL によるネットワークシステムとよく似た構成となる．つまり，モデムを用いてディジタルデータをアナログの通信網（CATV の通信路）にのせるというという点では，両者は同じようなシステムである．異なるのは，xDSL で用いる電話線が電話局と一対一で接続されているのに対して，ケーブルテレビの通信路は普通は一対一ではないという点である．このため，CATV 網によるネットワークでは通信路を複数の利用者で共有する都合上，xDSL と比較して通信速度の点で不利である．そのかわり，通信媒体については CATV 網の方が有利である．なぜならば，CATV 網では

30　第2章　物理層のプロトコル

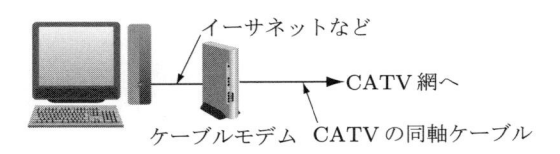

(a) 1台のコンピュータを接続する場合

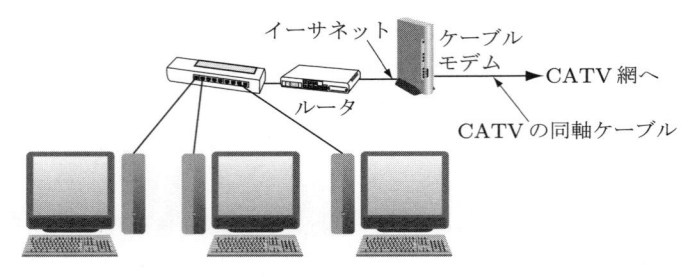

(b) ルータとハブを用いて複数のコンピュータを接続する場合

図 2.17　CATV網によるネットワークシステム（ユーザ側のシステム構成）

本来高周波信号を伝送するためのものである同軸ケーブルを用いているのに対して，xDSLでは本来音声信号を伝送するための電話線を用いるからである．なお，図2.17(b)では複数のコンピュータを接続する場合を示したが，これはxDSLを用いる場合でも同様である．図中，ルータはネットワークの接続装置である．ルータの機能については第4章で説明する．

2.3.4　ISDN

ISDNを用いてネットワークシステムを構成するためには，コンピュータをISDN網に接続する必要がある．そのために，DCEとして**DSU**（digital service unit）を用いる（図2.18）．DSUは，信号転送のための同期をとったり，転送の調整をはかる機能がある．また，DSUの出力を電話機やコンピュータと接続するためには，TA（terminal adapter）という装置が必要になる．製品には，DSUを内蔵したTAやルータ機能を有し，コンピュータとのインタフェースにイーサネットを用いる一体型のものなどがある．

ISDNは，もともとディジタルデータを運ぶためのネットワークであり，アナログ電話をディジタル通信に用いる場合と比較して有利である．たとえば，データ転送速度は，もっとも安価なISDNサービスの場合でも，上り下りと

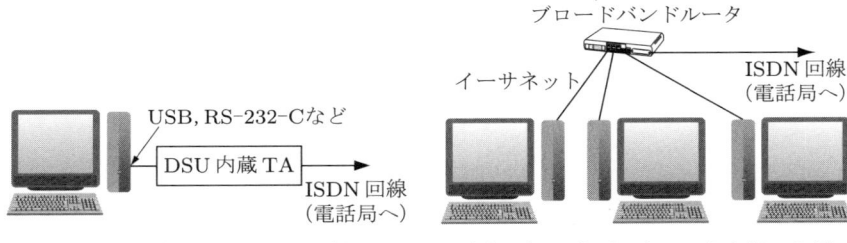

(a) DSU 内蔵 TA を用いる例　　(b) ブロードバンドルータを用いる例

図 2.18 ISDN を用いたデータ通信

も 128 Kbps で通信可能である．ISDN の基本的なサービスでは，B チャンネルという 64 Kbps のチャンネルが 2 チャンネルと，制御用の D チャンネル 1 チャンネルが提供される．そこで，B チャンネルを 2 チャンネルまとめて用いることで，128 Kbps の通信を行うことが可能になる．

また ISDN はアナログ電話と同じように，通信を行う際には電話番号を指定するが，電話番号を指定してから回線が確立するまでの時間は ISDN の方がはるかに短い．このため，必要なときだけサーバを呼び出すようなアプリケーションでも，電話をかけるのに要する待ち時間が短くてすむ．

2.4　伝送方式

本節では，伝送方式に関する用語を取り上げ解説する．

2.4.1　全二重と半二重

全二重（full duplex）とは，通信にかかわる 2 点間に伝送路を二本設けることで，同時に送受信が行えるようにする伝送方式である．**半二重**（half duplex）は，一本の伝送路を切り替えて使う方法で，同時に送受信を行うことはできない（図 2.19）．

2.4.2　直列伝送と並列伝送

直列伝送とは，データを一度に 1 ビットずつ伝送路に流す伝送方法である．それに対して，**並列伝送**とは，一度に複数ビットを伝送路に流す伝送方法である（図 2.20）．

図 2.19 全二重と半二重

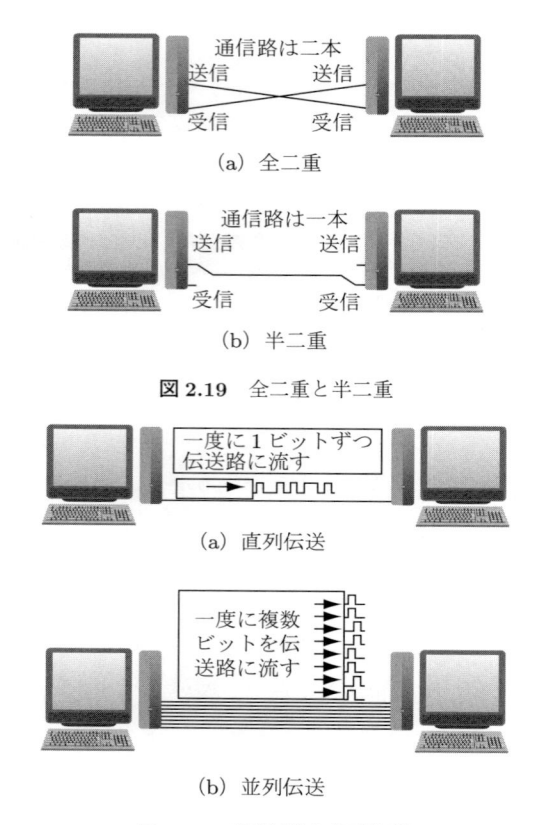

図 2.20 直列伝送と並列伝送

普通，並列伝送を行うには複数の通信路が必要になる．また，これらの通信路の間で足並みをそろえてデータを送り出すための工夫が必要になる．つまり，通信路の間で同期を取らなければならない．

原理的には，並列伝送の方が同じ時間に多くのデータを扱えるため，直列伝送よりも通信速度が速くなる．しかし，通信速度が速くなると同期をとるのも難しくなる．このため最近では，高速なデータ伝送にはむしろ直列伝送が用いられることが多い．

2.4.3 同期と非同期

ネットワークシステムにおいて，**同期**という用語にはいくつかの意味がある．たとえば，データを送り出すタイミングが決められているかどうかという意味

で使う場合がある．決められたタイミングでデータを送り出す方法を同期式，いつ送り出してもよい方法を非同期式とよぶ．先にATMについて説明したが，ATMの"A"に対応するasynchronousという英単語は，非同期を意味する．ATMを日本語で表記する際に非同期通信モードとよぶのは，このためである．なお，ATMに対してSTM（synchronous transfer mode）というプロトコルがある．STMでは，決められたタイミングでのみデータを送り出すことができる．STMは，同期通信モードとよばれている．

　同期には別の意味もある．たとえば，送信側と受信側で信号送受のタイミングを合わせて信号を受け渡しすることも同期とよぶ．この場合，送受信側双方でクロック信号の位相や周波数を合わせる方法により，さまざまな同期方法が取られる．もっとも理解しやすいのは，データ用とは別に同期用の信号線を用意し，これを用いて送受信のタイミングをとる方法である．この方法を同期式とよぶことがある．

　これに対して，同期用の信号線を用いずに，データ用の線だけで同期をとる方法もある．これを，先の意味の同期式に対して非同期式とよぶ．たとえば，イーサネットでは，非同期式による同期方法を採用している．

2.4.4　ベースバンドとブロードバンド

　ベースバンド方式は，ディジタル信号をそのまま伝送路に流す方法である．また，**ブロードバンド**方式とは，ディジタル信号を変調して伝送路に流す方法である．イーサネットはベースバンド方式であり，xDSL や CATV を利用したネットワークシステムではブロードバンド方式を採用している．

　ベースバンド方式によりディジタルデータを表現する方法の例を図2.21に示す．直感的にわかりやすいのは (a) の **NRZ**（non return to zero）である．NRZ では，ディジタルデータの1と0を，電圧の高低にそのまま対応させている．(b) の **NRZI**（non return to zero inversion）では，データ1の部分で電圧が反転する．(c) の **RZ**（return to zero）では，ディジタルデータの1にあたる部分で，つぎのデータの前に電圧をいったん0に戻している．(d) の**マンチェスター符号**は，1と0を二種類の波形に対応させている．マンチェスター符号は 10 Mbps のイーサネットで用いられている符号である．同じイーサネットでも，100 base-TX では3段階の信号を使って符合化する．こうすると，信号波形の変化が穏やかになるので，通信速度を高速化しても信号の周

(a) NRZ

(b) NRZI

(c) RZ

(d) マンチェスター符号

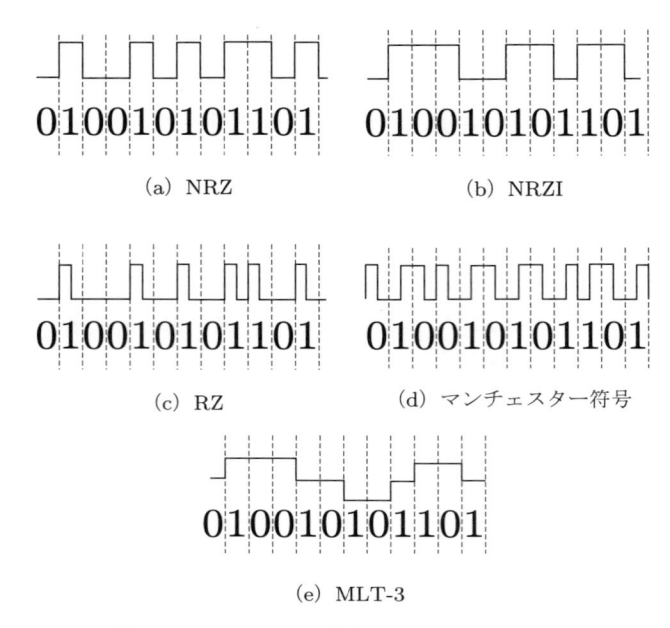

(e) MLT-3

図 2.21　ベースバンド方式における符号化の方法

波数を抑えることができ，結果として伝送路の制約が緩やかになる．100 base-TX で用いる符号は，(e) の MLT-3（multi level transmission-3 level）である．なお 100 base-TX では，MLT-3 による符号の際に，4 ビットのデータを 5 ビット分の符号に直して送信する．これを，4B/5B 符号化とよぶ．こうすると 1 ビット冗長であるので，送信するデータ以外の信号を伝送路に送出することができるようになる．100 base-TX ではこれを利用して，データとして出現しないビットパターンで構成するアイドル信号を常に送出することで，同期が確実に行えるようにしている．

なお，ブロードバンドという用語を高速通信という意味で用いる場合もある．この意味で，イーサネットはブロードバンドである，といった表現をすることもある．

第 2 章のまとめ

- **物理層**は OSI 参照モデルの第 1 層に位置し，ネットワークシステムの物理的および電気的な規格に関するプロトコルを規定する．

- ネットワークシステムで用いられる通信路には，**銅線**や**光ファイバケーブル**，**電波**や**赤外線**，あるいは**電話網**などさまざまなものがある．
- 銅線を用いた通信路には，**ツイストペア線**や**同軸ケーブル**などがある．
- **光ファイバケーブル**は，屈折率の異なる媒質を組合せることで光を漏らさずに伝送するしくみのケーブルである．
- **赤外線**や**電波**などの電磁波を媒体として用いれば，通信路を敷設する必要がなくなり，柔軟なネットワーク構成が可能である．
- **電話網**はそれ自体が高度なネットワークシステムであるとともに，コンピュータネットワークシステムのインフラとしても重要である．
- **イーサネット**は LAN のみならず，広域ネットワークの構築技術として有用である．
- 現在よく用いられる**ワイヤレス LAN** の規格には，**802.11b**，**802.11a**，**802.11g** などがある．
- **xDSL** は，電話線を用いて高速ネットワークシステムを構築するための規格である．

演習問題

2.1 読者の身近にある LAN について，その構成を調べなさい．

2.2 同一の室内に数台のコンピュータを配置し，LAN を構成するとする．物理媒体として銅線を用いる場合と無線を用いる場合を比較し，双方の得失を述べなさい．

2.3 携帯電話の機能が向上すると，パーソナルコンピュータのもつネットワーク機能をすべて携帯電話に収めることができるようになるかもしれない．この点を考慮して，将来のモバイルネットワークシステムについて考察しなさい．

2.4 イーサネットは古くから存在するプロトコルであるが，順次新しい技術を取り入れつつ発展を続けている．イーサネットの最新動向について調べなさい．

第3章 データリンク層のプロトコル

本章では，OSI参照モデルの第2層にあたるデータリンク層について述べ，その機能と代表的なプロトコルについて説明する．

3.1 データリンク層の機能

データリンク層のプロトコルは，直接的に接続されたコンピュータどうしが通信する方法を規定する．ここで「直接的」とは，第3層以上のプロトコルに従って動作するネットワーク接続装置を経由することなく，物理的な通信路などにより互いに接続されている，という意味である．

たとえば，イーサネットにおけるデータリンク層プロトコルでは，ハブを介して互いに接続されているコンピュータどうしの通信方法を決める．また，電話回線による通信についていえば，回線の両端に接続された機器が一対一で通信する方法を決めるのが，データリンク層プロトコルである（図3.1）．

一対一の通信を実現するためには，決めなければならないことがたくさんある．たとえば，同じネットワークに接続された複数のコンピュータから，通信

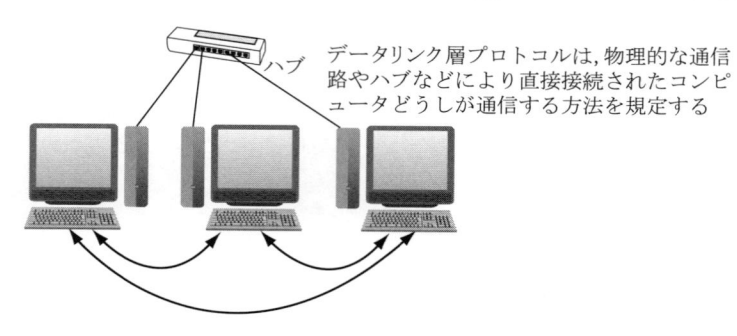

図3.1　データリンク層プロトコルの役割

の相手を特定する方法が必要である．このためには，コンピュータに**アドレス**とよばれる固有の識別番号を与え，それを使って通信相手を選び出す仕組みを決めなければならない．また，相手に送るデータをどのようにパケットとしてまとめるかも決めなければならない．データリンク層では，データのまとまりをフレームとよぶ．フレームの構成方法は，データリンク層プロトコルの重要な要素である．

そのほかにも，伝送途中のデータの誤りをどのように検出して修正するかとか，受け渡しのタイミングの制御などを決めるのもデータリンク層プロトコルの役割である．さらに，上位層から受け取ったデータの流れを一つにまとめて同一の通信路にのせる作業である多重化や，複数の通信路に分散してデータをのせる分流の操作を行うこともある．

なお，データリンク層のプロトコルだけでは，インターネットのような巨大なネットワークを構築することはできない．インターネットを構築するためには，データリンク層プロトコルを使って構築したネットワークどうしを，さらに互いに接続するプロトコルが必要になる．このプロトコルがネットワーク層プロトコルである．ネットワーク層プロトコルについては次章で説明する．

3.2 イーサネットのデータリンク層プロトコル

本節では，イーサネットのデータリンク層プロトコルについて説明する．イーサネットは，LANを構築する際にもっともよく用いられるプロトコルである．

3.2.1 イーサネットフレームの構成

イーサネットでは，図3.2に示すようなフレームを用いて通信を行う．イーサネットフレームは，**プリアンブル**（preamble）とよぶ固定的なパターンの64ビットのビット列で始まる．プリアンブルは，56ビットの1と0の繰り返しと，「10101011」という8ビットのビット列で構成される．イーサネットを

プリアンブル (64ビット)	宛先アドレス (48ビット)	送信元アドレス (48ビット)	データ (最大12000ビット)	CRC (32ビット)

タイプフィールド(16ビット)

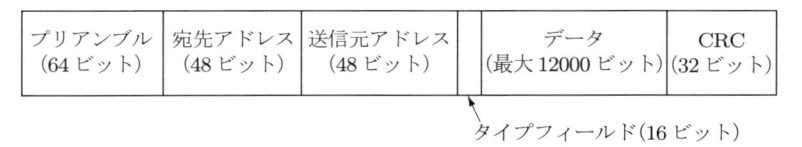

図 3.2　イーサネット（802.3）フレームの構成

用いて通信を行う機器は，プリアンブルを手がかりにしてイーサネットフレームの開始位置を検出する．

プリアンブルに続くのは，**宛先アドレス**と**送信元アドレス**である．イーサネットでは，アドレスは 48 ビットのビット列で表す．そのつぎに 16 ビットの**タイプフィールド**が続き，その後に**データ**が続く．**タイプフィールド**には，上位プロトコルに関する情報が格納されており，数値を確認することで，そのイーサネットフレームがどんな上位プロトコルのデータを格納しているかを知ることができる．表 3.1 にタイプフィールドの値とその意味を示す．

表 3.1 イーサネットフレームのタイプフィールド（例）

タイプフィールドの値（16 進数）	対応する上位プロトコル
0101-01FF	（実験用）
0800	IP
0806	ARP
8035	Reverse ARP
814C	SNMP

一つのイーサネットフレームには，最大 12000 ビット，すなわち 1500 バイトのデータを繰り込むことが可能である．フレームの最後には，誤り検出／訂正用の符号として，32 ビットの **CRC**（cyclic redundancy check）のための符号が付加される．

イーサネットで用いるデータリンク層アドレスは，48 ビットの 2 進数で与えられる．このアドレスを **MAC アドレス**とよぶ．MAC アドレスは普通 16 進数を用いて表し，16 進数の 2 桁ずつをコロンで区切って書き表す．MAC アドレスの例を図 3.3 に示す．

MAC アドレスは，同じアドレスが存在すると，どちらに向けて通信すればよいのか決められないため，同一のイーサネット上に同じアドレスがあってはならない．そこで，MAC アドレスは重複がないようにあらかじめ製品ごとにその値が決められている．具体的には，上位 24 ビットについてはメーカごと

```
00:00:a7:00:ee:f1
00:50:70:00:5d:da
00:00:f4:ae:06:37
00:d0:b7:2e:9f:ba
00:50:70:00:ca:7d
```

図 3.3 MAC アドレスの例

に決められたコードを用い，下位 24 ビットは各メーカにおいて重複がないように決めている．こうすれば，ある MAC アドレスを有するネットワーク機器は世界中でただ一つとなるはずである．MAC アドレスの上位 24 ビットは，**ベンダーコード**または **OUI**（organizationally unique identifier）とよばれており，イーサネットの規格化作業を行っている IEEE が管理している．表 3.2 にベンダーコードの例を示す．ベンダーコードは以下の URL で確認することが可能である．

http://standards.ieee.org/regauth/oui/index.shtml

フレームの最後尾に配置された CRC は，巡回符号理論に基づく誤り検出符号である．CRC では，送信する 2 進データを多項式の係数とみなし，その多項式を特定の多項式で割った余りを誤り検出用の符号としてデータと一緒に受信側に送る．受信側では，データとあまりを使って同じ多項式で割り算を行うことで，誤りを検出することができる．

表 3.2 ベンダーコードの例

コード	割り当てられているメーカ
00:00:a7	NETWORK COMPUTING DEVICES INC.
00:50:70	CHAINTECH COMPUTER CO., LTD.
00:00:f4	ALLIED TELESYN INTERNATIONAL
00:d0:b7	INTEL CORPORATION
00:00:00 ~ 00:00:09 00:00:AA	XEROX
00:00:0A	オムロン
00:00:0C	シスコ
00:00:0E	富士通
00:00:39	東芝
00:00:3D	UNISYS
00:00:48	セイコーエプソン
00:00:4C	NEC
00:00:6B	SGI
00:00:7D	SUN MICROSYSTEMS

例題 3.1 イーサネットフレームに 10 バイトのデータを格納して送信する場合，フレーム全体に対するデータ部の大きさの割合はいくらか．また，100 バイトではその割合はいくらか．

解 イーサネットフレームのデータ部以外の部分の大きさは表3.3の通り．

表3.3 イーサネットフレームの各フィールド

名　称	長さ（バイト）
プリアンブル	8
宛先アドレス	6
送信元アドレス	6
タイプフィールド	2
CRC	4
合計	26

したがって，10バイトのデータのフレーム全体に対する割合は，
$$10 / (10+26) \times 100 \fallingdotseq 27.8 (\%)$$
また，100バイトのデータのフレーム全体に対する割合は，
$$100 / (100+26) \times 100 \fallingdotseq 79.4 (\%)$$

3.2.2 CSMA/CD 方式

イーサネットのフレームは，基本的には **CSMA/CD**（carrier sense multiple access with collision detection）方式に従って伝送される．CSMA/CD方式の手順はつぎのとおりである．

CSMA/CD方式では，あるコンピュータの送り出したフレームは，そのコンピュータと直接接続されている他のすべてのコンピュータに送られる．フレームを送りたいコンピュータは，まず通信路の状態を調べ，通信路が空いている，すなわち他のコンピュータが送信中でなければ，フレームを送出する．他のコンピュータは受け取ったフレームのアドレスを調べ，自分宛でなければ捨てる．自分宛であれば，フレームを解析してデータを取り出す．これがCSMA/CD方式の基本的な動作である（図3.4）．

しかし，上記のようにはならない場合もある．まず，最初に通信路の状態を調べた時点で，他のコンピュータが送信中で通信路が使われていた場合である．この場合には，他のコンピュータが送信を終了するまで待って，改めて送信を試みる．

もう一つの場合は，図3.5のように，複数のコンピュータがほぼ同時に送信を始めてしまった場合である．たとえば，2台のコンピュータがたまたま同時に通信路の状態を調べ，両者が同時に空きを確認したとする．そうすると，その2台のコンピュータは送信を始めてしまう．イーサネットでは，物理的には

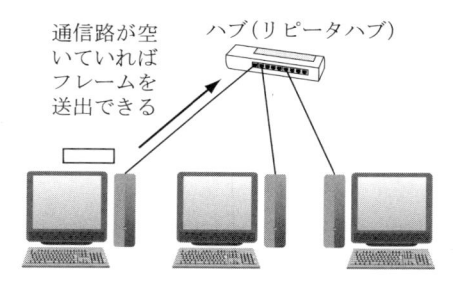

3.2 イーサネットのデータリンク層プロトコル　**41**

(a) フレームの送出

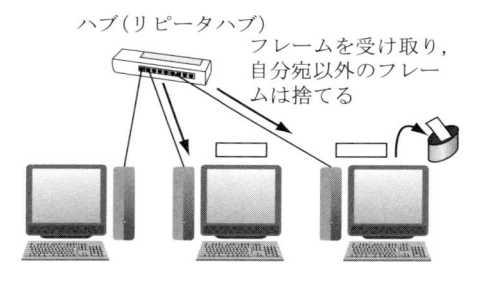

(b) フレームの受信

図 3.4　CSMA/CD 方式の基本的な動作

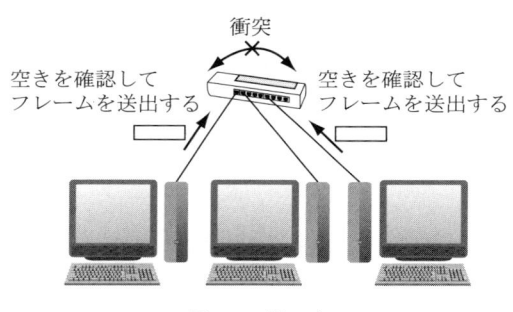

図 3.5　衝　突

同時に複数の信号を送ることはできない．よって，2 台のコンピュータが同時に信号を送出すると，信号がぶつかって壊れてしまい，データを読み取ることができなくなる．この状態を**衝突**（collision）という．

　イーサネットでは送信と受信は同時に行うことができる．したがって，送信中のコンピュータも自分自身のデータ送出が原因となる衝突を検出することが

できる．送信中のコンピュータが衝突を検出すると，少しの間だけそのままデータを送り続けた後，送信を停止する．少しの間送信を続けるのは，衝突の起きたイーサネットに属するすべてのコンピュータが衝突を検出できるように余裕をみるためである．送信停止後，送信を再開するまでの時間は乱数で決める．たとえば，2台のコンピュータが関係するのであれば，両者のうち短い待ち時間を与えられた方が先に送信を再開することができる(図3.6)．

10 base-5 のような同軸ケーブルを用いるイーサネットでは，信号波形が壊れることで衝突を検出する．10 base-T や 100 base-TX では，ツイストペア線に含まれる4組8本の線のうちの1組を使ってデータを伝送し，別の1組を用いて衝突を伝える．

CSMA/CD方式では，通信路が空いていれば，送信したいときにいつでも送信できる．この意味では，効率のよい制御方式である．しかし，通信路が混雑してきて衝突が生じるようになると，待ち合わせや再送の手間がかかり，実際のデータ通信以外の処理が増えてしまう．また，通信に必要な時間も増大する．つまり，通信の効率が極端に低下する結果となる．イーサネットで衝突が頻繁に生じるような場合には，後述するスイッチやルータを使ってネットワークを分割する必要がある．

CSMA/CD方式における他の欠点の一つは，いつまでにデータを届けるこ

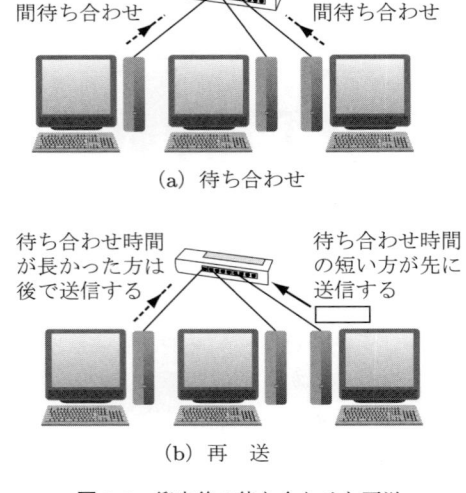

(a) 待ち合わせ

(b) 再　送

図 3.6　衝突後の待ち合わせと再送

とができるといった保証ができない点である．通信路が混雑しているときに送信できるかどうかは乱数で決まるので，いつデータが相手に届くかは確率的に決まるだけである．このような方式に基づくサービスは，一般に**ベストエフォート**（best effort）**型**のサービスとよばれる．

CSMA/CD方式がベストエフォート型であることは，音声や画像といったリアルタイムデータをCSMA/CD方式を使って送信する場合に致命的な欠点となる可能性がある．たとえば，動画像をリアルタイムで伝送するためには，30分の1秒に画像1枚といったように，決められた時間内に決められた量のデータを伝送しなければならない．しかし，CSMA/CD方式を採用する限りは，通信路が混雑していると決められた時間内に伝送できないかもしれない．これは，物理的な意味での伝送速度がいくら高速であっても，本質的に改善できない性質である．この意味で，CSMA/CD方式はリアルタイムデータの伝送に本質的に不向きである．

3.2.3 イーサネットにおけるスイッチの機能

イーサネットのフレームは原則としてCSMA/CD方式に従って伝送される．CSMA/CD方式では，同じイーサネット上のすべてのコンピュータにフレームを送るので，コンピュータの台数が増えると衝突を起こす可能性が高くなる．ここで，もしハブがフレームの伝送をMACアドレスに基づいて行えれば，通信に関与しないコンピュータにはフレームを送る必要がなくなり，衝突を起こす場合を減らすことができる．また，同一のイーサネット上で複数の異なるコンピュータの組が同時に通信を行うことができるようになる．このようなハブを，**スイッチングハブ**または**レイヤ2スイッチ**とよぶ．これに対して，接続したすべてのコンピュータにフレームを配送するハブを**リピータハブ**という．

たとえば図3.7(a)で，コンピュータAがコンピュータBにフレームを送信したとする．スイッチングハブは，コンピュータAの送り出したフレームの送り先アドレスを解析し，コンピュータB宛であることを知る．そこでスイッチングハブは，このフレームをコンピュータBの接続されたケーブルに対してのみ送る．こうすると，コンピュータCとコンピュータDは余計なフレームを受け取る必要がなくなる．このように，スイッチングハブを用いると，コリジョンドメイン（衝突を生じうるネットワーク上の領域）を分割して小さくすることができ，その結果，衝突を減らすことができる．さらに，図3.7(b)

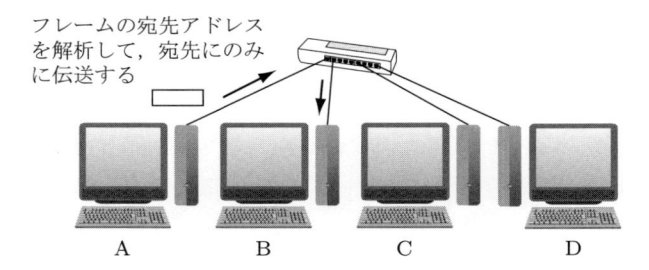

(a) MACアドレスを手がかりに，必要な相手だけにフレームを送る

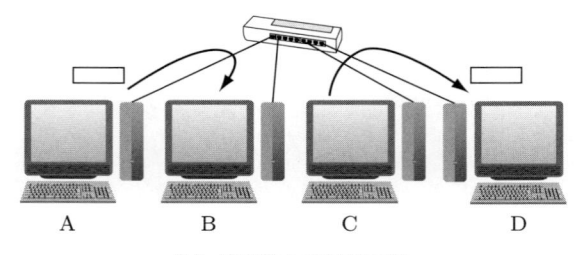

(b) 並列的な通信が可能

図 3.7 スイッチングハブによるフレームの伝送

のようにコンピュータAとBの通信と並行して，コンピュータCとコンピュータDが通信を行うことも可能である．この場合，スイッチングハブ内部の通信速度が十分高速であれば，ネットワーク全体としては2倍の通信速度でデータの伝送を行えることになる．

一般に，データリンク層プロトコルを理解してデータを送るネットワーク装置を**ブリッジ**とよぶ．これに対して，物理層プロトコルのみに従ってデータを送るネットワーク装置を**リピータ**という．リピータは単なる増幅器であるが，ブリッジはフレームの解析を行うなど，ある程度のデータ処理を行う装置である．スイッチングハブはフレーム内部を解析してアドレスを解釈する機能をもつので，ブリッジの一種である．リピータハブは，その名前からもわかるようにリピータの一種である．

ツイストペア線に関する説明において，使用する2組の線はそれぞれデータ転送用と衝突検出用であると説明した．しかし，スイッチングハブの各ポートに1台のネットワーク機器しか接続されない場合には，衝突検出をするかわりに双方向の通信を行うことも可能である．つまり，ツイストペア線の2組の線

を上りと下りのデータ転送用にそれぞれ用いることで，そのポートについては全二重の通信路を構成することができる．この場合，たとえば 100 base-TX であれば，上り下りの双方向について同時に 100 Mbps の通信を行うことができる．

> **例題3.2** スイッチングハブを用いてすべてのネットワーク機器を全二重で接続した場合，通信の待ち合わせが生じるのはどんな場合だろうか．
>
> **解** あるポートに対して他の複数のポートから同時に通信要求が生じた場合には，通信の待ち合わせが生じる．

3.2.4　CSMA/CD 方式以外の制御方法

フレームの送信を制御する方法は，CSMA/CD 方式以外にも存在する．たとえば，IEEE802.5 で規定されている**トークンリング**方式はその一例である．図 3.8 にトークンリング方式ネットワークの構成を示す．

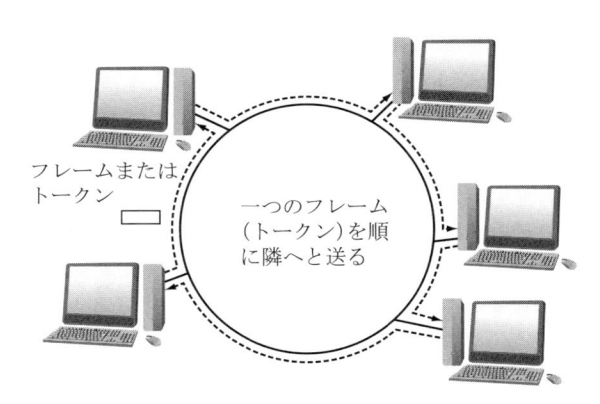

図 3.8　トークンリング方式ネットワークの構成

トークンリング方式のネットワークでは，コンピュータはリング状に接続される．ネットワーク上には常時一つのフレームだけが存在する．各コンピュータは，フレームを隣のコンピュータから受け取ると，つぎのコンピュータへとリレーする．フレームには印をつけることができるようになっており，フレームが「使用中」か「空き」かの区別を表すフラグとなる．フレームが「空き」の状態のとき，これを**トークン**とよぶ．

トークンを受け取ったコンピュータは，送信の権利を得る．言い換えると，トークンリング方式のネットワークにおいてデータを送出することができるのは，「空き」になったフレームを受け取ったコンピュータだけである．データを送出するコンピュータは，トークンのフラグを「使用中」にした上で，フレームにデータをのせて送り出す．データは，宛先となるコンピュータだけが受け取り，他のコンピュータは読み取らない．また，「使用中」のフラグはデータを送出したコンピュータ以外は変更できない．最後にフレームはネットワーク上を一周して，データを送出したコンピュータに戻ってくる．データを送信し終えたコンピュータは，戻ってきたフレームを「空き」に戻して，隣のコンピュータへ送る．このとき，連続して送信したい場合でも，必ずいったんトークンをつぎのコンピュータへ送り，再度トークンが来るまで待たなければならない．

トークンリング方式では，ある一定時間以内に必ず送信の権利が回ってくる．このため，物理的に十分な通信速度があれば，リアルタイムデータを伝送することも可能である．これは，CSMA/CD 方式が原理的にリアルタイムデータの伝送に不向きであることと対照的である．

3.3 PPP, PPPoE, PPPoA

3.3.1 PPP

PPP（point to point protocol）は，全二重で 2 点間を結ぶ通信路上でフレームを運ぶためのプロトコルである．全二重で 2 点間を結ぶ通信路とは，たとえばアナログ電話回線，ディジタル専用線，ISDN，パケット交換網，フレームリレーなどである．

PPP フレームの構造を図 3.9 に示す．PPP のフレームは HDLC（high-level data link control）というプロトコルで規定したフレームと同じ構造になっている．フレーム先頭のフラグは 1 バイトで，16 進数の 7e に固定されている．続くアドレスと制御フィールドも固定で，それぞれ 16 進数の ff と 03 である．アドレスと制御フィールドは固定値であるから，省略が可能である．プロトコ

フラグ (1バイト)	アドレス (1バイト)	制御 (1バイト)	プロトコル (1または2バイト)	情報 (0〜MRU)	FCS (2または4バイト)	フラグ (1バイト)

図 3.9　PPP フレームの構造

ルフィールドは 1 バイトまたは 2 バイトで，上位プロトコルの識別に用いられる．そのつぎの情報フィールドには，上位プロトコルから与えられた情報が格納される．情報フィールドの大きさは可変で，0 から MRU（maximum receive unit：最大受信長）の間である．FCS（frame check sequence）は標準で 2 バイトであり，16 ビットの CRC が与えられる．フレームの最後に，先頭と同様のフラグがおかれる．

　PPP による通信では，通信にあたって**リンクの確立と切断**という概念を用いる．リンクを確立する段階では，PPP に含まれるプロトコルである LCP（link control protocol）を用いてリンクに関する設定を進める．この段階に続いて，認証を行うこともできる．認証プロトコルには，パスワード方式で認証を行う PAP（password authentication protocol）や，一定の周期で暗号による認証を繰り返す CHAP（challenge-handshake authentication protocol）が用いられる．その後，ネットワーク層で動作するプロトコルを決定するための手順である NCP（network control protocol）を実行し，IP などによる実際の通信が開始される．

　このように PPP では，ある程度冗長なフレームを用いたり，複雑な通信手順を用いたりする．これは，PPP はさまざまな回線上で用いられるプロトコルであるので，回線の性質に依存せずに通信を行うためのしくみである．

3.3.2 xDSL, ATM

　ATM は，PPP とは反対の概念に基づくデータリンク層プロトコルを採用している．ATM が高品質な通信路を仮定してエラー訂正などを簡略化しているのに対し，PPP では通信路の品質についてはそうした仮定をせずに，データリンク層で信頼性を向上させるための処理を行う．また，ATM でデータを伝送するセルの大きさは 53 バイトときわめて小さく，ハードウェア技術を用いて高速に効率よくセルを伝送することを目指している．これに対し，PPP ではフレームのサイズは大きく，伝送についてもソフトウェアによる通信制御を前提とした複雑な処理を行う．

　ATM のセルはきわめて簡単な構造をしている．図 3.10 に ATM セルの構造を示す．ATM では，VP（virtual path）と VC（virtual channel）という考え方を用いて物理的な一本の回線を仮想的に複数の回線に分割し，通信の遅延などについての一定の制約を満たしつつ，セルを伝送する．ATM は，従来か

ヘッダ (5バイト)	ペイロード (48バイト)

図 3.10 ATM セルの構造

ら広域ネットワークで用いられてきた STM（synchronous transfer mode）と異なり，データを流すタイミングを動的に変更することができる．つまり，STM ではデータを送るタイミングが固定的で同期的であるのに対し，ATM では非同期にデータを送ることができる．このため，物理的な回線容量で決まる上限まで，仮想的な回線どうしで容量を融通することができる．したがって ATM では，物理的な回線全体としての余裕がある場合には，あらかじめ決められた範囲でより高速な通信が可能である．

ADSL では，データリンク層プロトコルとして多くの場合 PPP を用いている．ADSL における PPP では，実際には ATM のデータリンク層プロトコルの上に PPP のフレームをのせて通信を行っている．さらに多くの場合，ADSL モデムとコンピュータの間はイーサネットを用いて接続することから，イーサネット上に PPP のフレームを通す **PPPoE**（PPP over ethernet）という技術を併用している．

図 3.11 では，コンピュータと ADSL モデムの間はイーサネットで接続されている．ここの部分では，イーサネットで PPP フレームを運ぶ PPPoE をプロトコルとして採用している．つぎに ADSL モデムは，運ばれたフレームを ATM セルに構成しなおす．ここでは，PPPoE のフレームを ATM で運ぶことになる．電話局側では DSLAM（DSL access multiplexer）で ADSL 上を運ばれてきた ATM セルを受け取り，ATM ネットワークへセルを中継する．ATM ネットワークには PPP サーバが接続され，コンピュータから送られて

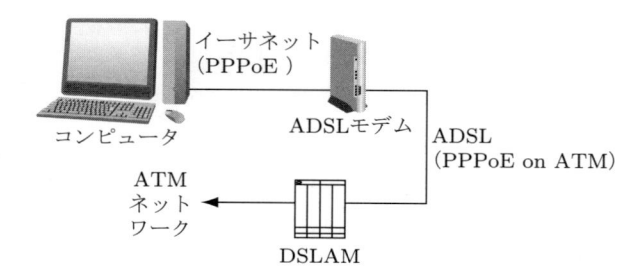

図 3.11 ADSL におけるイーサネット，ATM および PPP の関係

きた PPP フレームをインターネットへ中継する．

▶ **第3章のまとめ**
- OSI 参照モデルの第2層にあたる**データリンク層**では，物理層プロトコルに従って直接的に接続されたコンピュータどうしが通信する方法を規定する．
- **フレーム**は，データリンク層プロトコルにおいてデータを取り扱う際の基本単位である．
- フレームは，制御情報を書き込む領域である**ヘッダ部**と，伝送すべきデータを書き込む領域である**データ部**から構成される．
- フレームのヘッダ部には，**宛先アドレス**や**発信元のアドレス**とともに，**誤り制御**のための情報などを格納する．
- **イーサネット**は，物理層およびデータリンク層にまたがるプロトコルである．
- イーサネットでは，データリンク層アドレスとして 48 ビットの **MAC アドレス**を用いる．
- イーサネットのフレームは原則として **CSMA/CD 方式**に従って伝送される．
- **PPP** は，全二重で2点間を結ぶ通信路上でフレームを運ぶためのプロトコルである．

演習問題

3.1 データリンク層における分流の実例について調べなさい．

3.2 なぜ，データリンク層プロトコルだけではインターネットのような大規模ネットワークを構築することができないのだろうか．

3.3 CRC は誤り検出・訂正に用いられる代表的な符号である．CRC の原理や用途について調べなさい．

3.4 イーサネットはベストエフォート型のプロトコルである．したがって，100 Mbps のイーサネットである 100 base-TX を用いても，たとえば 6 Mbps で伝送されるべき動画像を十分な速度で伝送することができない場合も考えられる．どのような場合に伝送することができないのだろうか．

3.5 PPP はさまざまなネットワークで広く用いられている．実例について調べなさい．

第4章 ネットワーク層のプロトコル

本章ではネットワーク層の機能について述べ，その代表例である IP を中心としたプロトコル群について説明する．

4.1 ネットワーク層の機能

OSI 参照モデルの第 3 層にあたる**ネットワーク層**では，データリンク層プロトコルに基づいて構成された小規模なネットワークどうしを結合して，全体として大規模なネットワークシステムを構成する方法を規定する．前章で述べたように，データリンク層プロトコルを用いると，イーサネットや PPP などで互いに直接接続されたコンピュータ間においてデータをやりとりすることができる．ネットワーク層プロトコルでは，さらに，複数のイーサネットなどを相互に接続してそれぞれのイーサネットに所属するコンピュータがネットワークの垣根を越えて通信するしくみを与える．

データリンク層レベルのネットワークを相互に結合するには，ネットワークの相互接続装置である**ルータ**を用いる（図 4.1）．ルータは，ルータに接続された一つのネットワークからつぎのネットワークへとデータを運ぶ．データは，発信元のコンピュータから，複数のルータやネットワークを経由して，目的のコンピュータへと運ばれる．データを運ぶ際に，どのルータを経由してデータを運ぶかを，ルーティングまたは経路制御とよぶ．ネットワーク層プロトコルでは，相互接続されたネットワーク全体のうちでただ一つの通信相手を指定するためのアドレス指定の方法や，ルーティングの方法を規定する．また，データリンク層と同様に，誤り制御や多重化などの処理も行う．

インターネットでは，**IP**（internet protocol）というネットワーク層プロトコルが用いられる．IP はその名前からもわかるように，インターネットの特

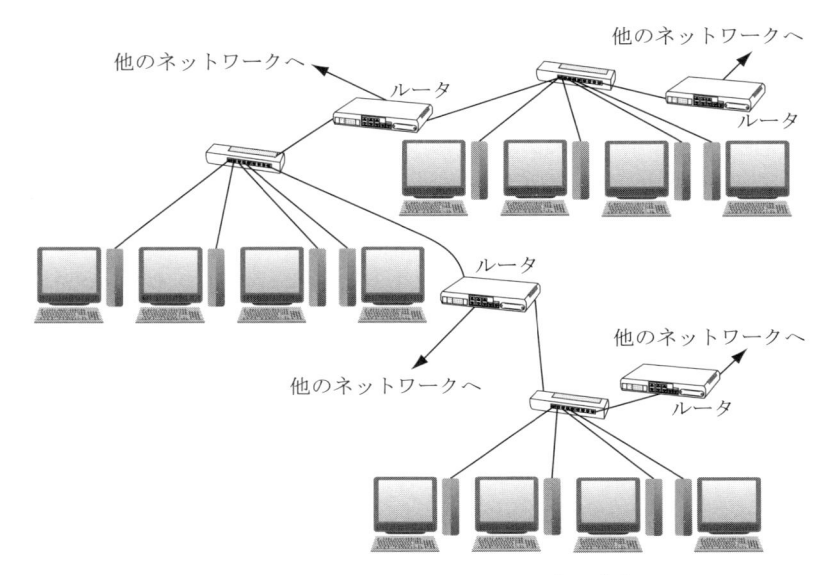

図 4.1 ルータによるネットワークの相互結合

徴を決定づけているプロトコルである．インターネットでは，物理層やデータリンク層プロトコルにはさまざまなものが利用可能であるが，ネットワーク層プロトコルは必ず IP を用いることになっている．

4.2 IP データグラムと IP アドレス

現在広く用いられている IP は，バージョン 4 の IPv4 である．本節では IPv4 に基づいて，IP のパケットである IP データグラムの構造と，IP におけるアドレス体系について説明する．

4.2.1 IP データグラム

IP では，**IP データグラム**を用いてデータを伝送する．IP データグラムは，データリンク層の機能を使って，物理層で規定された通信路の上を運ばれる．たとえば，データリンク層プロトコルとしてイーサネットを用いるとすると，IP データグラムはイーサネットフレームのデータ部に格納されて伝送される（図 4.2）．また，データリンク層プロトコルに PPP を用いれば，IP データグラムは PPP のデータとして PPP フレームに繰り込まれて伝送される．この

```
イーサネット | プリア | 宛先 | 送信元 |→| IPデータグラム | CRC
フレーム    | ンブル |      |       |                |
                            ↑                  ↑
                      タイプフィールド        データ
```

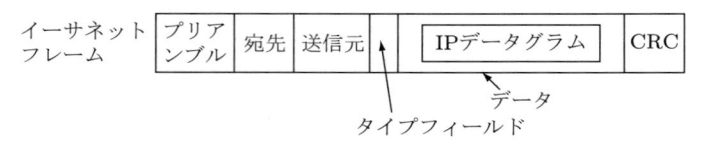

図 4.2 IP データグラムとイーサネットフレームの関係

ように，IP をネットワーク層プロトコルとして採用することとデータリンク層プロトコルとしてどのようなプロトコルを採用するかは，それぞれ別々に判断することができる．

図 4.3 に IP データグラムの構造を示す．IP データグラムは大きく**ヘッダ部**と**データ部**に分けられる．ヘッダ部の詳細を表 4.1 に示す．データ部には上位

```
| ヘッダ部            |          |
| (アドレスや制御     | データ部 |
| 情報など)           |          |
```

図 4.3 IP データグラムの構造

表 4.1 IPv4 における IP データグラムのヘッダ部の詳細

構成要素（先頭から順に）	ビット長	説明
version（バージョン）	4	IP のバージョンを表す．バージョン 4 では 4 が格納される．（以下の構成要素はバージョン 4 の IP データグラムのものを示す．）
IHL（internet header length）	4	ヘッダ部の長さを 32 ビットを単位として表す．5 から 15 の間の値となる．
type of service	8	優先度や信頼性などからなるサービス品質の要求値を表す．
total length	16	IP データグラム全体の長さを 1 バイトを単位として表す．
identification	16	IP データグラムを識別するための番号．
flags	3	フラグメントの有無などを示す．
fragment offset	13	フラグメンテーションが行われた際，到着したデータグラムより以前に到着しているデータのバイト数．
TTL	8	time to live すなわち IP データグラムの寿命を制御するための数値．
protocol（プロトコル）	8	上位プロトコル．
header checksum	16	ヘッダ部分のチェックサムデータ．
source address（ソースアドレス）	32	送信元の IP アドレス．
destination address（デスティネーションアドレス）	32	宛先の IP アドレス．
options and padding（オプションとパディング）	可変長	オプションおよび，ヘッダを 32 ビットの整数倍とするための余分なビット．

層のパケットが格納される．IPデータグラム全体の最大長は65535バイトである．

IPデータグラムは，バージョン番号を4ビットの2進数で表した**version**（バージョン）から始まる．バージョン4では4が格納される．続く**IHL**は，32ビット（1ワード）を単位としたときのヘッダ部の長さを4ビットで表すものである．**type of service**は，送信元が指定するサービス品質の要求値をセットするフィールドである．IPデータグラムの優先度や，伝送における遅延に関する要求などをコード化してセットする．**total length**はデータグラム全体の長さをバイト単位で表す．**identification**は，IPデータグラムに収められた上位プロトコルのパケットを再構成するために用いる．

flagsと**fragment offset**は，データグラムの**フラグメンテーション**を制御するためのフィールドである．フラグメンテーションとは，一つのIPデータグラムを，データリンク層の複数のフレームに分割して格納する処理のことである．また，フラグメンテーションにより分割したそれぞれのデータをフラグメントという．flagsは，フラグメンテーションが行われているかどうか，またフラグメントが途中であるか最後のものであるかを示すフラグである．fragment offsetは，そのフラグメントが元のデータグラムのうちのどの位置に配置されるものかを表す．

TTL(time to live)は，IPデータグラムの寿命を制御するための数値である．IPデータグラムはルータによってつぎからつぎへとバケツリレーのように運ばれる．ルータは，IPデータグラムを中継した際，TTLの値を1ずつ減らすことになっている．減らした結果，TTLの値が0になったら，ルータはそのIPデータグラムを破棄する．TTLによるIPデータグラムの制御は，不正なIPデータグラムをネットワーク上から取り除くことを目的としている．もし，ネットワーク上をループするような不正なIPデータグラムが存在すると，そのIPデータグラムはいつまでもネットワーク上からなくならない．こうしたIPデータグラムはネットワーク資源を浪費するだけである．そこで，こうした不正なIPデータグラムを取り除くために，TTLによる寿命の制御を行うのである．

続く**protocol**フィールドには，IPデータグラムのデータ部に格納されるパケットの対応するプロトコルの番号が格納される．表4.2に，protocolフィールドに格納される番号の例を示す．

表 4.2 protocol フィールドに格納される番号（抜粋）

数値	略称	プロトコル名	詳細
1	ICMP	internet control message protocol	IP 通信のエラーを処理するプロトコル（4.4.2 項参照）
6	TCP	transmission control protocol	インターネットにおけるトランスポート層プロトコル（第 5 章参照）
8	EGP	exterior gateway protocol	組織間でのルーティング情報交換プロトコル（4.3.2 項参照）
9	IGP	interior gateway protocol	組織内でのルーティング情報交換プロトコル（4.3.2 項参照）
17	UDP	user datagram protocol	インターネットにおける簡易なトランスポート層プロトコル（第 5 章参照）

続く **header checksum** フィールドは，ヘッダ部分のエラー検出を行うためのチェックサムデータである．つまり，16 ビット幅でヘッダ部分を加算した結果の値を格納する．計算に際しては，header checksum フィールドの値は 0 として計算する．**source address** と **destination address** は，それぞれ送信元と宛先の IP アドレスである．IP アドレスは後述するように，32 ビットで表す数値である．ヘッダ最後の **options and padding** は，オプションとヘッダ全体を 32 ビットの整数倍とするための詰め物である．詰め物にはビット 0 を用いることになっている．以上でヘッダ部は終了であり，その後ろにはデータ部が続く．データ部には，上位プロトコルに基づくパケットが格納される．

4.2.2 IP アドレス

IPv4 では，32 ビットの 2 進数で **IP アドレス**を表す．IP アドレスはインターネット上でネットワークインタフェースを区別するための番号である．したがって，インターネットに接続されたすべてのネットワークインタフェースは，互いに異なる IP アドレスをもつ必要がある．

IP アドレスは，8 ビットずつ四つに分けて表示するのが一般的で，8 ビットの 2 進数を四つ並べるのではなく，おのおのの 2 進数を 10 進数に変換して表

```
11000000101010000000101000000001
            ↓  8 ビットごとにまとめる
   11000000.10101000.00001010.00000001
            ↓  10 進数で表現する
              192.168.10.1
```

図 4.4　IP アドレスの表示例

示する．図 4.4 にその例を示す．10 進数は，ピリオド"."で区切って表示する．

IP アドレスには，**クラス**という概念がある．32 ビットの IP アドレスのうち，何ビットがネットワークのアドレスを表し，何ビットがコンピュータのアドレスを表すかなどによって，**クラス A** から**クラス E** までの区別がある（表 4.3）．

クラス A では，先頭から 8 ビットを使ってネットワークのアドレスを表し，残りの 24 ビットでコンピュータのアドレスを表す．ただし，クラス A のネットワークアドレスの先頭ビットは 0 に固定されているので，ネットワークのアドレスに使えるのは残りの 7 ビットだけである．したがって，クラス A のネットワークは，世界中に 100 あまりしか存在しない．また，一つのクラス A のネットワークには $2^{24} \fallingdotseq 1677$ 万台のコンピュータを収容することができるという，巨大ネットワーク向けのアドレスである．現在，クラス A のアドレスを使っている組織は 50 ほどであるが，クラス A の特殊性を考えると，今後クラス A のアドレスが新規に割り当てられることはまずないであろう．

クラス B は，16 ビットのネットワークアドレスと 16 ビットのコンピュータアドレスを使うクラスである．クラス A の場合と同様に，ネットワークアドレスの先頭のビットが固定されており，クラス B の場合には，先頭の 2 ビットが必ず 10 という値に決められている．**クラス C** は，110 から始まる 24 ビットのネットワークアドレスと，8 ビットのコンピュータアドレスからなる IP アドレスを用いるクラスである．

クラス D は，マルチキャストとよばれる通信を行うためのアドレスクラスである．マルチキャストについて 4.6 節で説明する．**クラス E** は予備である．

IP アドレスにおいてコンピュータのアドレスがすべて 0 の場合は，ネット

表 4.3 IP アドレスのクラス

クラス	ネットワークのアドレス幅	コンピュータのアドレス幅	説　明	アドレスの例
クラス A	8 ビット（先頭が 0）	24 ビット	コンピュータ約 1677 万台収容可能（大規模）	1.0.0.1 120.1.1.1
クラス B	16 ビット（先頭が 10）	16 ビット	コンピュータ約 6 万 5 千台収容可能（中規模）	130.1.1.1 140.10.0.1
クラス C	24 ビット（先頭が 110）	8 ビット	コンピュータ約 250 台収容可能（小規模）	193.3.4.1 194.10.10.2
クラス D	8 ビット（先頭が 1110）	―	マルチキャスト	224.1.1.1
クラス E	8 ビット（先頭が 1111）	―	予備	

ワーク自体を意味する．またコンピュータのアドレスがすべて1の場合は，そのネットワーク全体に対してデータを送る**ブロードキャスト**（同報）を意味する．

クラスごとにアドレスを割り当てる方法には，IPアドレスを効率よく割り当てることができないという問題点がある．たとえば，クラスCでは収容できるコンピュータの台数が少なすぎて使いにくい．また，クラスBはネットワークアドレスの個数が $2^{14} \fallingdotseq 1$ 万6千と，全世界で使うには数が少なすぎる．そこで，クラスにとらわれずにアドレスを割り当てる方法として，**CIDR**（classless inter-domain routing）という技術が用いられている．CIDRでは，複数のクラスCのアドレス空間を，全体として一つのネットワークとして運用したり，逆に一つのクラスCのアドレス空間をさらに複数のネットワークに分割して運用したりすることができる．CIDRを用いる場合には，IPアドレスのうちでネットワークアドレスを表す部分を明示しなければならない．そこで，IPアドレスに，ネットワークアドレス部分のビット数をスラッシュとともに付記し，たとえば，以下のように標記する．

　　　172.16.1.1/24

上記はクラスBの形式のアドレスだが，最後の24という数値により，ネットワークのアドレス部分が24ビットであることを表している．

なお上記の表記方法の他に，**ネットマスク**とよばれるビット列によりネットワークのアドレス部分を表現する方法もある．たとえば，先頭から24ビットがネットワークアドレスである場合，IPアドレス32ビットのうちの先頭24ビット分にビット1を立ててつぎのように記述する．

　　　11111111.11111111.11111111.00000000

ただし，ネットワークマスクは普通は10進数で表示するので，上記の2進数はつぎのように表現する．

　　　255.255.255.0

ネットワークのアドレス部分をスラッシュを使って表現する場合と異なり，ネットマスクでアドレス部分を表現する場合には，IPアドレスは別途表示する必要がある．

例題4.1 172.16.1.0/28のネットワークのネットマスクを示しなさい．また，このネットワークには最大何台分のコンピュータアドレスを割り振ることができるか．

> **解** 28 ビットのネットワークアドレスを有するので，IP アドレス 32 ビットのうちの先頭 24 ビット分をビット 1 とする．
> 　　11111111.11111111.11111111.11110000
> したがって，10 進数で表現するとネットマスクは，
> 　　255.255.255.240
> コンピュータアドレス部分には 4 ビット分が割り当てられるので，$2^4=16$ 通りのアドレスが存在する．このうち，すべてのビットが 0 の場合，およびすべて 1 の場合を除く 14 通りのアドレスをコンピュータに割り振ることができる．

4.2.3 IP アドレスの管理

　IP アドレスは，インターネットに接続されたコンピュータの間ではそれぞれ異なっていなければならない．このために，IP アドレスの割り当ては世界中で重複のないように管理する必要がある．

　IP アドレスの割り当ては，**ICANN**（internet corporation for assigned names and numbers）という組織が管理している．ICANN は，世界の各地域のアドレス割り当てを管理する **RIR**（地域インターネットレジストリ）に対して，複数のアドレスをまとめて割り当てる．RIR は，各国のアドレス割り当てを管理する NIR（国別インターネットレジストリ）にアドレスを割り当て，NIR はさらに **LIR**（ローカルインターネットレジストリ）にアドレスを割り当てる．最後に，ユーザが LIR からアドレスの割り当てを受ける．

　日本の NIR は **JPNIC**（japan network information center）である．JPNIC は，RIR の一つである **APNIC**（asia pacific network information center）からアドレスの割り当てを受けている．また JPNIC は，国内の LIR（インターネットサービスプロバイダ）にアドレスを割り当て，LIR がユーザにアドレスを割り当てる．

　インターネットにおいて，IP アドレスは，世界で唯一でなければならない．しかし，インターネットに直接接続されていないネットワーク内であれば，IP アドレスが世界で唯一である必要はない．そうしたネットワークにおいて IP アドレスを割り当てるために，**プライベートアドレス**空間というアドレス空間が用意されている．表 4.4 に示したプライベートアドレス空間は，閉じたネットワークでは自由に割り当てを行うことができる．

表 4.4 プライベートアドレス空間

10.0.0.0	～	10.255.255.255
172.16.0.0	～	172.31.255.255
192.168.0.0	～	192.168.255.255

4.3 経路制御

4.3.1 経路制御のしくみ

経路制御は，ネットワーク層プロトコルのもっとも重要な機能である．IPでは，IPアドレスを手がかりとして，ルータがIPデータグラムをバケツリレーのように運ぶことで，経路制御を実現している．

IPのルータは，経路制御を行うための情報として，**ルーティングテーブル**というデータをもっている．ルーティングテーブルは，ルータが受け取ったIPデータグラムをつぎにどのルータに中継するかを決めるための情報を記述した表である．表の項目は，宛先アドレス，つぎに中継すべきルータ，およびルータのもつ複数のネットワークインタフェースのうちのどれを使うかという指定である．例として，図4.5のようなネットワークについて考える．

図4.5において，ルータ1のルーティングテーブルが表4.5のようであったとする．

ルータ1が，宛先として192.168.1.1/24というIPアドレスを指定したIPデータグラムを受け取ったとする．この場合，ルータ1は宛先のネットワークアドレスである192.168.1.0/24をキーとしてルーティングテーブルを検索し，「つぎに中継すべきルータ」の欄を読み取ることで，192.168.1.0/24のネットワークには，別のルータを介さずに直接データを送ることができることを確認する．そこで，データリンク層プロトコルを用いてネットワークインタフェースeth0を使ってIPデータグラムを送信する．宛先のIPアドレスが192.168.2.0/24のネットワークの場合も同様で，ネットワークインタフェースeth1を用いてデータリンク層プロトコルを用いて直接送る．

つぎに，宛先のアドレスが192.168.3.1/24である場合を考える．同様にルーティングテーブルを検索すると，「つぎに中継すべきルータ」の欄に，192.168.2.253/24という具体的なアドレスが書いてある．そこで，指定されたルータに対してデータリンク層のプロトコルを用いてIPデータグラムを送る．この場合，データの送出にはネットワークインタフェースeth1を用いる．

4.3 経路制御

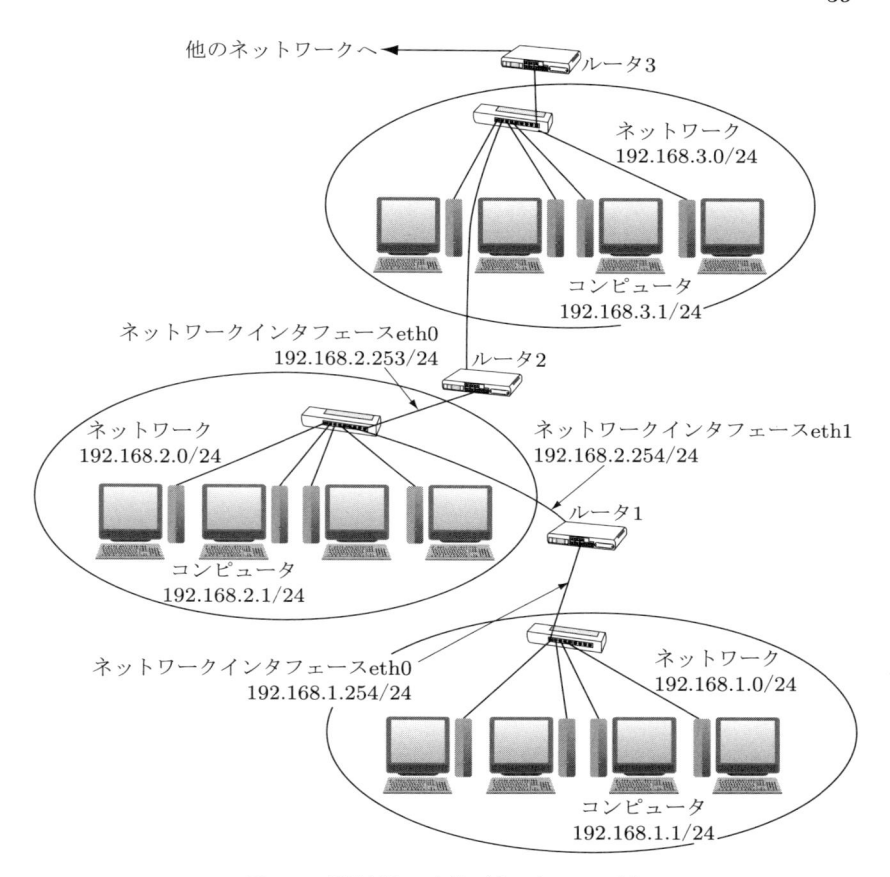

図 4.5 経路制御の方法（ネットワーク例）

表 4.5 図 4.5 ルータ R1 のルーティングテーブル

宛先のネットワークアドレス	つぎに中継すべきルータ	使用するネットワークインタフェース
192.168.1.0/24	（データリンク層プロトコルを用いて直接送る）	eth0
192.168.2.0/24	（データリンク層プロトコルを用いて直接送る）	eth1
192.168.3.0/24	192.168.2.253/24	eth1
default	192.168.2.253/24	eth1

最後に，宛先アドレスが図に示したもの以外である場合を考える．この場合は，ルーティングテーブルの default の欄が読み取られ，「つぎに中継すべきルー

タ」の 192.168.2.253/24 にデータグラムを送る．その先，どのようにして IP データグラムが宛先まで届くのかについては R1 は知る必要はない．経路上に存在するルータによる IP データグラムのバケツリレーによって，いずれ宛先まで IP データグラムが到達するはずである．

IP を用いるネットワーク上ではルータだけでなく，コンピュータもルーティングテーブルをもっている．たとえば，192.168.1.1/24 のアドレスをもつコンピュータについて考えると，表 4.6 に示すようなルーティングテーブルをもっている．

表 4.6 コンピュータ 192.168.1.1/24 のルーティングテーブル

宛先のネットワークアドレス	つぎに中継すべきルータ	使用するネットワークインタフェース
192.168.1.0/24	（データリンク層プロトコルを用いて直接送る）	eth0
default	192.168.1.254/24	eth0

このルーティングテーブルの意味は，自分と同じネットワーク 192.168.1.0/24 に所属するコンピュータにはデータリンク層プロトコルを用いてデータグラムを直接送り，それ以外はルータ 1 に任せるというものである．このように，IP に基づく通信では必ずルーティングテーブルを使って経路制御を実現する．したがって，IP の観点からはルータとコンピュータには区別がなく，どちらもルーティングを行うルータ装置であるととらえることができる．

例題 4.2 コンピュータ 192.168.1.1/24 のルーティングテーブルに，宛先としてコンピュータ 192.168.2.1/24 を追加しなさい．

解 追加後のルーティングテーブルは，表 4.7 のようになる．

表 4.7 コンピュータ 192.168.1.1/24 のルーティングテーブル（追加後）

宛先のネットワークアドレス	つぎに中継すべきルータ	使用するネットワークインターフェース
192.168.1.0/24	（データリンク層プロトコルを用いて直接送る）	eth0
192.168.2.1/24	192.168.1.254/24	eth0
default	192.168.254.24	eth0

4.3.2 ルーティングテーブルの管理

IPによる通信では，ルーティングテーブルが重要な役割をはたす．そこで，ルーティングテーブルを管理する方法が問題になる．

ルーティングテーブルの管理方法は，大きく分けて二種類ある．**スタティックルーティング**と**ダイナミックルーティング**の二種類である．わかりやすいのはスタティックルーティングである．**スタティックルーティング**では，ルーティングテーブルを手作業で管理する．しかし，ごく簡単な場合を除けば，手作業でルーティングテーブルを管理することは実際上不可能である．ルーティングテーブルの記述を間違えると通信ができなくなるので，ネットワーク構成が変わるたびにルーティングテーブルを書き換えなければならないからである．

ネットワークの断線などのトラブルが発生した場合には，代替経路を通るようにルーティングテーブルをただちに変更しなければならない．この作業を手作業で行うのはきわめて困難である．

スタティックルーティングに対して，ルーティングテーブルを自動的に構成する**ダイナミックルーティング**という方法がある．ダイナミックルーティングは，ある組織内でのルーティングテーブルの管理に使う**インテリアゲートウェイプロトコル**(IGP)と，組織間のルーティングプロトコルである**エクステリアゲートウェイプロトコル**(EGP)に分類される．前者には**RIP**(routing information protocol)や，より効率的な**OSPF**(open shortest path first protocol)などがあり，後者には**BGP**(border gateway protocol)が用いられている．

RIPでは，ルータどうしが30秒ごとに情報を交換し，その情報に従ってルーティングテーブルを作成する．複数の経路が存在する場合の経路選択の基準は，到着までに経由するルータの数である．つまりRIPでは，経由するルータの個数が最小となるように経路を決定し，ルーティングテーブルを作成する．この場合，経由するネットワークの通信速度などは無視されてしまうので，RIPでは必ずしも効率的な経路選択ができるとは限らない．これに対してOSPFでは，負荷分散や経路選択方針の設定などが可能であり，より効率的な経路選択ができる可能性が高い．

> **例題 4.3** RIPを用いたダイナミックルーティングを採用するLANにおいて，ネットワークの接続関係が変更された場合，ただちにLAN内の各ルータのルーティングテーブルが修正されるのだろうか．

解 RIPでは，隣接するルータ間で30秒に1回ルーティング情報を交換している．したがって，ネットワークの接続変更によるルーティング情報の変化が行き渡るには，数分あるいはそれ以上の時間が必要となる場合がある．

4.4 ARP, DHCP, ICMP

4.4.1 ARPとDHCP

IPデータグラムをイーサネットフレームに格納して宛先のコンピュータに届けるには，宛先となるコンピュータの**MACアドレス**を，宛先の**IPアドレス**を手がかりに調べなければならない．このために用いるプロトコルが**ARP**（address resolution protocol）である．

ARPでは，宛先のMACアドレスが不明の場合，イーサネットの**ブロードキャスト**を使って，ネットワーク上のすべてのコンピュータに対してMACアドレスを問い合わせる．

具体的には，イーサネットフレームのデータ部分に，MACアドレスを問い合わせたいIPアドレスの値をセットしたARPパケットを繰り込んで，イーサネットのブロードキャストを使って送出する．受け取ったコンピュータは，自分のIPアドレスに対する問い合わせであれば，ARPパケットの中に自分のMACアドレスを組み込んで返送する．これにより問い合わせ側のコンピュータは，通信相手のIPアドレスとMACアドレスの対応を知ることができる（図4.6）．

ARPを使って調べたアドレスの対応関係は，しばらくの間は記録しておき，通信のたびに必要に応じてそのまま使われる．しかし，一定時間経過後にはいっ

(a) ブロードキャストによる　　　(b) ARP応答パケットの返答
　　 ARP要求パケットの送出

図4.6 ARPによる送信先のMACアドレスの取得

たん対応関係を消去して，あらためて ARP による問い合わせを行う．これは，ネットワーク構成の変化に対応するためのしくみである．

ARP のしくみを逆に使うと，自動的に IP アドレスを取得するしくみを作ることができる．つまり，コンピュータが起動する際に，自分が使用する IP アドレスをサーバから取得するプロトコルを設計することができる．これが，**RARP**（reversed ARP）である．RARP は，ARP と同じ形式のパケットを使って問い合わせを行うプロトコルである．

DHCP（dynamic host configuration protocol）は，RARP を発展させて，さまざまな方式で IP アドレスを割り当てられるように改良したプロトコルである．DHCP では，コンピュータの起動時などに DHCP クライアントが IP アドレス要求のためのパケットをブロードキャストする．DHCP サーバは，図 4.7 に示すように，クライアントの要求に応じて適当な IP アドレスを割り当てる．この際，DHCP クライアントはブロードキャストを用いるので，DHCP サーバのアドレスをあらかじめ知っておく必要はない．

DHCP を使うと，管理者にとっては管理の手間を削減することができ，利用者にとっては煩わしいネットワーク設定を行わずに済ますことができるので，双方にとって便利である．

(a) DHCP クライアントからの IP アドレス割り当ての要求

(b) DHCP サーバによる IP アドレスの割り当て

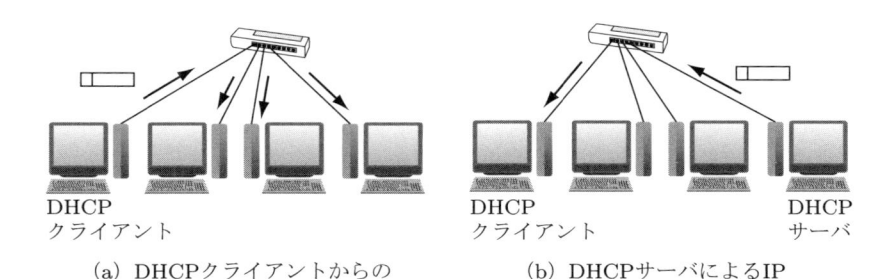

図 4.7 DHCP による IP アドレスの割り当て

4.4.2 ICMP

ICMP（internet control message protocol）は，IP を用いて通信を行う際に生じるさまざまなエラーや，ネットワーク機器に対する情報を要求するためのプロトコルである．IP にはエラーを処理する機能はないので，基本的には IP を用いる場合には ICMP も用いることになっている．

ICMP では，エラーの発生などを通知するパケットのことを**メッセージ**とよんでいる．ICMP のメッセージは，IP データグラムのデータ部に格納して運ばれる．図 4.8 に ICMP メッセージの構造を示す．メッセージは単純な構成をしており，メッセージの種類ごとに長さは可変である．メッセージは，基本的にはメッセージの種類を示す**タイプフィールド**（8 ビット），メッセージの意味を示す**コード**（8 ビット），エラー検出のための 16 ビットの**チェックサム**から構成され，メッセージの種類によってはチェックサムの後にタイプに依存した部分が続く．

タイプ (8 ビット)	コード (8 ビット)	チェックサム (16 ビット)	タイプ依存部分 (可変長)

図 4.8 ICMP メッセージの構造
(ICMP メッセージは，IP データグラムのデータ部に格納して運ばれる)

タイプフィールドに格納されるコードは，ICMP で扱う処理の内容を表している．タイプフィールドのコードを表 4.8 に示す．

ICMP は IP の機能を補完するという意味で重要なプロトコルであるが，ネットワークに関する情報を外部に与えてしまうという側面もある．このため，セキュリティ上の配慮から，ルータなどでは ICMP の処理を意図的に行わないように設定する場合もある．

表 4.8 ICMP におけるタイプフィールドのコード

コード	メッセージ
0	Echo Reply（コード 8 の Echo に対する応答）
3	Destination Unreachable （目的とする IP アドレスのコンピュータまで到達できなかった）
4	Source Quench（伝送速度が速すぎてルータが対応できない）
5	Redirect（経路をより合理的なものに変更した方がよい）
8	Echo（コード 0 の Echo Reply メッセージの要求）
11	Time Exceeded（TTL の値が 0 となった）
12	Parameter Problem（データグラムの形式がおかしい）
13	Timestamp（32 ビットの 2 進数で表現されたタイムスタンプデータの要求）
14	Timestamp Reply（コード 13 の Timestamp に対する応答）
15	Information Request （あるネットワーク上に存在するネットワーク機器へのアドレス情報の要求）
16	Information Reply（コード 15 の Information Request に対する応答）

4.5 DNS

4.5.1 DNSのしくみ

DNS（domain name system）は，人間にとって覚えにくいIPアドレスのかわりに，アルファベットと記号でアドレスを表現するためのしくみである．DNSでは階層的な名前付けにより，特定のネットワークインタフェースに割り振られたIPアドレスに対応する名前を記述する．DNSによる名前付けの例を図4.9に示す．図に示すように，アルファベットおよびハイフンで表現した記号をピリオドで結ぶことで,階層的な名前を表現する.最後にくるのは**トップドメイン名**といい, 図中では**jp**という，日本国を表す記号（**カントリーコード**）を用いている．このようなトップドメイン名を，**ccTLD**（country code top-level domain）とよぶ.

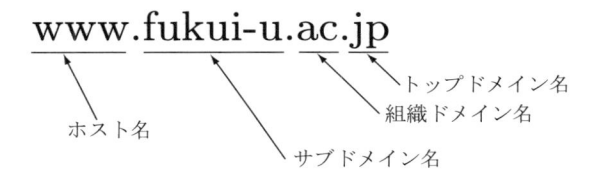

```
www.fukui-u.ac.jp
 │    │      │  │
 │    │      │  └─ トップドメイン名
 │    │      └──── 組織ドメイン名
 │    └─────────── サブドメイン名
 └──────────────── ホスト名
```

図 4.9 DNSにおける名前付けの例（jpドメインにおける属性型ドメイン名の例）

表 4.9 カントリーコードの一例

国名や地域名	カントリーコード
日本	jp
韓国	kr
中国	cn
香港	hk
マレーシア	my
インドネシア	id
ロシア	ru
オーストラリア	au
アメリカ	us
カナダ	ca
イギリス	gb
フランス	fr
ドイツ	de
イタリア	it

カントリーコードはISOで決められており，一例を表4.9に示す．イギリスのカントリーコードはISOではgbであるが，トップドメイン名としては

uk が用いられる場合も多い．

トップドメイン名がカントリーコードでないドメイン名もある．**gTLD**（generic top level domain）というドメイン名がそれで，表4.9に示すようなトップドメイン名があり，国の制限なく割り当てられている．日本でも，ドメイン名の右端に jp がくる ccTLD 形式のドメイン名と，gTLD の両方が用いられている．

表4.10 に示したトップドメイン名のうち，com，net，および org には本来はそれぞれの意味が割り当てられていたが，現在では意味は撤廃されており，用途の制限もない．参考のため，表には本来の意味を示した．biz や info については用途が制限されている．これ以外のトップドメイン名，たとえば，gov（米国政府機関）や mil（米軍）などはそれぞれ特殊な用途が決められており，利用目的も制限されている．

表 4.10　gTLD の例

gTLD	意　味
com	会社などの，営利を目的とした組織（現在は制限なし）
net	ネットワーク関連組織（現在は制限なし）
org	団体一般（現在は制限なし）
biz	商用
info	情報提供（汎用）

ccTLD において，トップドメイン名以下の名前の構成については，各国の事情で異なる．日本では，**属性型・地域型ドメイン名**か**汎用ドメイン名**のどちらかがくる．図4.9は属性型ドメイン名の例で，組織の属性を表すサブドメイン名 ac が与えられている．属性の一覧を表4.11に示す．

地域型ドメイン名では，サブドメイン名として地域の名称などをローマ字で表したものが使われる．

表 4.11　属性の一覧

属性	説　明
co	会社（株式会社，有限会社など）
or	財団法人や社団法人，医療法人など，法律に基づく法人
ne	ネットワークサービス提供者
ac	大学や大学共同利用機関など
ad	JPNIC（社団法人日本ネットワークインフォメーションセンター）会員
ed	小中高等学校，各種学校など
go	政府機関など
gr	任意団体

属性型ドメインにおいて，属性より下のレベルのサブドメイン名は，組織名称や組織内の部門の名称などが与えられる．サブドメイン名の左端には，ホスト名（コンピュータの名前）が与えられる．

jpドメインにおける汎用ドメイン名は，属性型・地域型ドメイン名における制限を緩和した新しいタイプのドメイン名である．組織の属性や地域に制約を受けずに，サブドメイン名として利用者の利用したい名前を使うことができる．

従来，jpドメインにおける名前の登録は，JPNICが行ってきたが，現在は日本レジストリサービスという株式会社が統括して行っている．またJPドメイン以外の登録については，ICANNの委託を受けた業者が行っている．

4.5.2 DNSのネームサーバ

DNSによる名前とIPアドレスの対応は，コンピュータによって管理されている．DNSのシステムにおいて，名前とIPアドレスの対応表をもっていて他のコンピュータからの問い合わせに返答するコンピュータのことを，**ネームサーバ**とよぶ．

図4.10に示すように，ネームサーバのシステムは階層的に構成されている．普通，利用者が直接利用するネームサーバは，利用者の所属するネットワーク組織が運営する最寄りのネームサーバである．利用者がコンピュータに対してドメイン名を入力すると，利用者のコンピュータは自動的に所属組織のネームサーバに対して検索を依頼する．ネームサーバは自分のもっているデータベー

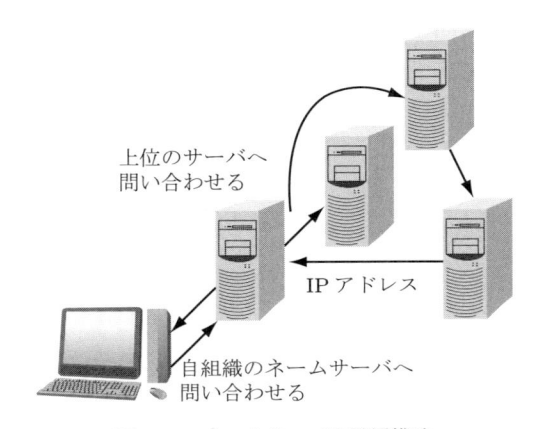

図 4.10 ネームサーバの階層構造

スを検索して，ドメイン名に対応するIPアドレスをコンピュータに返す．もしネームサーバ上に該当する情報がなかったら，ネームサーバはネームサーバの階層を遡り，上位のネームサーバに対して問い合わせる．この階層をたどると，いずれ問い合わせたドメイン名に関する情報をもったネームサーバに行き当たる．あとは，実際に名前とIPアドレスの対応関係をもったネームサーバに対して検索を行い，IPアドレスを取得する．

　ネームサーバの階層構造で，その頂点に存在するのは**ルートサーバ**である．ルートサーバは世界に13台存在する．

　いったんドメイン名とIPアドレスの対応関係を調べると，ネームサーバはしばらくの間その値を保持する．これは，無用な検索を繰り返さないためのしくみである．また，ネットワーク構成の変化に対応するため，一定時間経過すると値を破棄して，新たにドメイン名とIPアドレスの対応関係を調べなおすことになっている．

　ドメイン名からIPアドレスを調べる検索を，ネームサーバの**正引き**とよぶ．逆に，IPアドレスからドメイン名を検索する場合があるが，これを**逆引き**とよぶ．逆引きは，IPアドレスがネームサーバに登録されているかどうかを調べることでセキュリティ保持のための情報を得たり，パケットのヘッダ情報を補完するために用いられたりする．

　ネームサーバのシステムは，さまざまなネットワーク技術の土台となっている．たとえば，ある組織宛のメールを，特定のコンピュータの名前ではなく組織のドメイン名で一括して受け付けたい場合がある．この場合には，ネームサーバの**MXレコード**（mail exchanger record）に登録することで実現できる．また，コンピュータに別名をつけることもできる．これにより，物理的には1台のコンピュータを，ネットワークからは複数の別々のコンピュータが存在するように見せることができる．逆に一つのドメイン名に複数のIPアドレスを割り当てることで，サーバへの負荷分散を行うこともできる．

　図4.11のように複数のWWWサーバを用意し，同じ内容をもたせておくと，WWWサーバのIPアドレスを要求されたネームサーバは，WWWサーバから空いているサーバを選び，そのIPアドレスを返す．こうすれば，あるドメイン名のサーバに接続要求が集中しても，複数のコンピュータで分散して対応することができる．

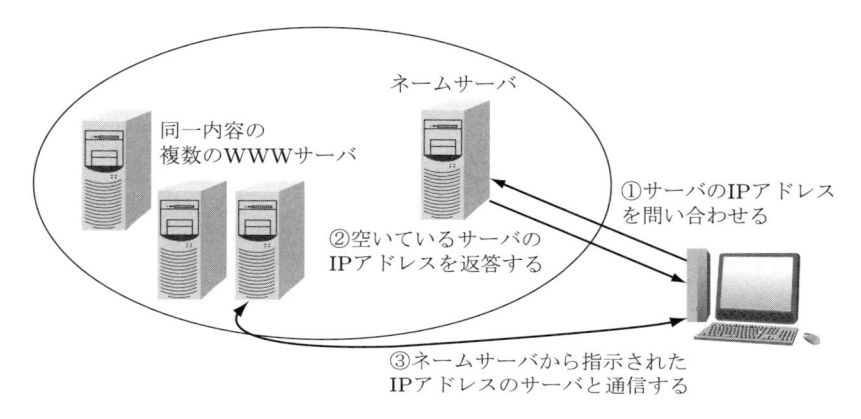

図 4.11　DNS を用いた分散処理サーバの実現

4.6　マルチキャスト

　IP による通信において，基本となるのは**ユニキャスト**とよばれる通信である．ユニキャストでは，一対一の通信を行う．これに対して，**ブロードキャスト**（同報）では一対多の通信を行う．IP でいうと，コンピュータのアドレス部分をビット 1 で埋めたアドレスがブロードキャストアドレスである．ブロードキャストは，IP レベルで同一ネットワーク全体に対する問い合わせを行う場合などに用いられる．

　ユニキャストとブロードキャスト以外にも通信の形態がある．**マルチキャスト**はその一つである．マルチキャストは，通信に参加する複数のコンピュータがデータを受け取る点ではブロードキャストと似ている．しかし，マルチキャストではブロードキャストと異なり，データを必要としないコンピュータに対してはデータを与えない．このため，通信に関与しないコンピュータが無駄な処理を行う必要がない．

　マルチキャストを用いると，ユニキャストでデータを送る場合と比較して，ネットワークをより有効に利用することができる．たとえば，図 4.12 に示すように，4 台のコンピュータがサーバからデータを受け取る場合を考える．ユニキャストでは，4 台のコンピュータに対してそれぞれ別々にデータを送らなければならない．これに対して，マルチキャストを用いると 1 回の通信で 4 台のコンピュータに対してデータを送ることができる．

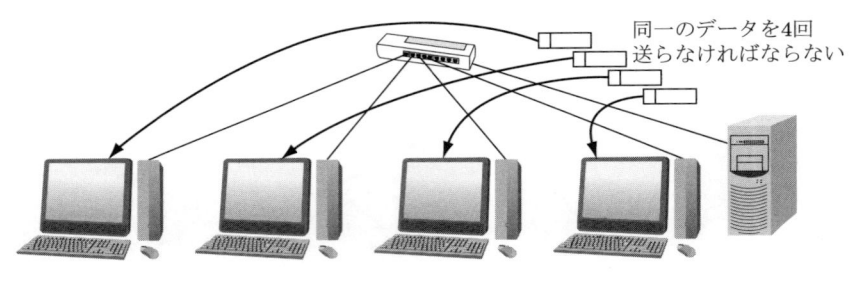

(a) ユニキャストの場合

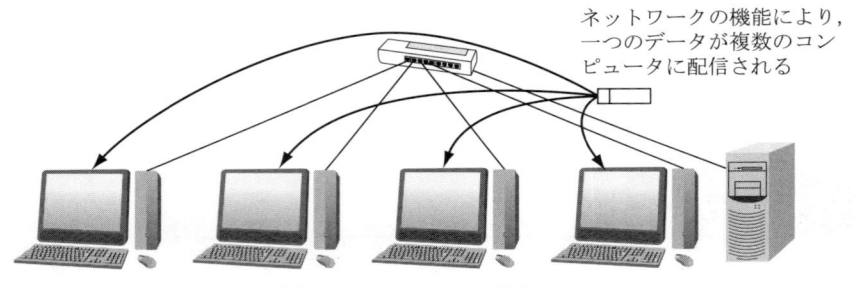

(b) マルチキャストの場合

図 4.12 ユニキャストとマルチキャストの比較

マルチキャストは，同時に受信するコンピュータの台数が多い場合や，データの量が多い場合により有効である．このため，動画の配信などに用いると効果的である．ただし，マルチキャストを実現するためにはルータがマルチキャストに対応していなければならないので，どんなネットワーク環境でもマルチキャストが使えるわけではない．

4.7 IPv6

IPv6 は，現行の IPv4 の次世代プロトコルとして，現在実装が進められている．IPv6 が開発された直接的な動機は，IP アドレスの枯渇問題に対処するためである．IPv4 では，32 桁の 2 進数でアドレスを表現する．2 の 32 乗は約 43 億であるから，IPv4 に基づいて構成されたインターネット上には，最大でも約 43 億台のコンピュータを接続できるに過ぎない．これは，世界の人口を考えても，一人一台のコンピュータネットワーク環境を実現するのに不十分

な値である．

　IPv6 では，IP アドレスとして 128 ビットの数値を用いる．2 の 128 乗は 3.4×10^{38} 程度の数であるから，アドレスの IPv4 のようにアドレスの個数が足りなくなることはまずない．

　アドレス空間が広大であることの他にも，IPv6 にはさまざまな特徴がある．まず，アドレス空間を広げたことで，アドレスの与え方に規則性を加えて，ルーティングが容易になるようにすることができる．IPv4 ではネットワークの構造と IP アドレスの間には関係がないため，ルーティングテーブルにルーティングに関する情報をすべて記述しなければならない．これに対して IPv6 では，アドレスの割り当てをネットワークの構造に即して行うことで，IP アドレスからネットワークの構造に関する情報を読み取れるように工夫することができる．こうすることで，ルーティング情報を簡略化することができる．また，アドレス空間の一部にデータリンク層のアドレスを繰り込むことで，IP アドレスの自動割り当てを行うことができる．

　IPv6 では，IPv4 と比較してヘッダ情報が簡略化されている．IPv4 のヘッダ情報であまり重要でないものを整理することでヘッダの情報を減らし，ヘッダ伝送に伴うオーバーヘッドを削減した．また，伝送品質に関する指定が可能になったり，暗号化や認証によるセキュリティの確保が可能であることも，IPv6 の特徴である．

　IPv6 では，データグラムではなく**パケット**という言葉を用いる．パケットは**ヘッダ**と**ペイロード**から構成される．さらに，ヘッダは，IPv6 ヘッダと，拡張部分のヘッダから構成される．IPv6 ヘッダの構造を表 4.12 に示す．

　先頭の **version** フィールドは，IPv4 と同様に IP のバージョンを表す．

表 4.12　IPv6 ヘッダの構造

構成要素	ビット長	説　明
version	4 ビット	バージョンの番号（6）．
traffic class	8 ビット	帯域幅制御のためのフィールド．
flow label	20 ビット	リアルタイム通信などのための，パケットに対する処理記述．
payload length	16 ビット	データ部分の長さ（バイト単位）．
next header	8 ビット	IPv6 ヘッダの後に続くヘッダの識別子．
hop limit	8 ビット	パケットの寿命を表す数値．ルータ通過ごとに 1 ずつ減らされ，0 になったらパケットは棄却される．
source address	128 ビット	データ送信元のアドレス．
destination address	128 ビット	宛先のアドレス．

IPv6 では当然 6 が格納される．続く **traffic class** は，このパケットを伝送する際に要求される通信速度，つまり通信帯域幅を制御するためのフィールドである．**flow label** は，パケットをラベル付けすることで，あるパケットに対するサービスの品質を保証することを目的としたフィールドである．**payload length** は，パケットのうちでヘッダを除いた部分の長さをバイト単位で表した数値（符号なし整数）である．**next header** は，表に示した IPv6 ヘッダに続くヘッダの種類を示した識別子である．**hop limit** はルータを乗り換えることのできる数の最大数（最大ホップ数）を示したフィールドである．IPv6 ヘッダの最後には，**発信元アドレス**と**宛先アドレス**が示される．

第 4 章のまとめ

- OSI 参照モデルの第 3 層にあたる**ネットワーク層**では，データリンク層レベルのネットワークを相互に結合することを目的として，アドレス指定の方法やルーティングの方法などを規定する．
- インターネットでは，ネットワーク層プロトコルとして **IP** を用いる．
- 従来まで広く用いられてきた IP はバージョン 4 の IP である **IPv4** であり，その後継となるのは **IPv6** である．
- IPv4 では，32 ビットの 2 進数で **IP アドレス**を表す．IP アドレスは，ICANN を頂点とするアドレス管理組織により全世界規模で管理されている．
- **IPv6** は，IP アドレスとして 128 ビットの数値を用いるなど，IPv4 のさまざまな問題点を解決するためのプロトコルである．
- IP では，IP アドレスを手がかりとして，ルータが IP データグラムをバケツリレーのように運ぶことで，**経路制御**を実現している．
- IP のルータは，経路制御を行うための情報として，**ルーティングテーブル**を用いる．
- IP を用いる際には，**ARP**，**DHCP**，**ICMP** などのプロトコルを同時に用いる場合が多い．
- **DNS** は，人間にとって覚えにくい IP アドレスのかわりに，アルファベットと記号でアドレスを表現するためのしくみである．

演習問題

4.1 IP を用いた通信においてデータリンク層プロトコルとしてイーサネットを用いる場合に，IP データグラムのフラグメントが生じるのはどのような場合か．

4.2 IP データグラムに TTL の機能がなかったら，具体的にどのような不都合が生じるか．逆に，TTL の機能が災いして通信に不都合が生じるのはどのような場合か．

4.3 どのような組織がクラス A を利用しているか，クラス A のアドレス空間を有するネットワークについて調べなさい．

4.4 図 4.5 のネットワークにおいて，192.168.2.1/24 のコンピュータのルーティングテーブルを作成しなさい．

4.5 RIP の経路選択が不合理な結果を与える場合の例を示しなさい．

4.6 ARP がセキュリティ上問題となる場合がある．どのような場合か．

4.7 DNS のルートサーバについて調べなさい．

4.8 社会全体として IPv4 から IPv6 へ移行するには，どのような手順で行えばよいだろうか．

第5章
トランスポート層のプロトコル

本章ではトランスポート層プロトコルの概要を述べ，実例として，インターネットで標準的に用いられるトランスポート層プロトコルである **TCP** および **UDP** を取り上げて解説する．

5.1　トランスポート層の機能

トランスポート層プロトコルの目的は，あるネットワークアプリケーションプログラムから別のネットワークアプリケーションプログラムに対して，信頼性の高い全二重の仮想的な通信路を提供することにある．第1章で述べたように，OSI 参照モデルにおいて，物理層からトランスポート層までの四つの階層をまとめて，**下位層**とよぶ．トランスポート層は下位層の中では最上部に位置し，ネットワーク層までの機能を補完して下位層の機能を完成させる役割がある．

具体的には，ネットワーク層までの機能に欠けているプロセスの識別に関する規定を与える．ネットワーク層までの機能により，あるコンピュータから別のコンピュータまでデータを運ぶことはできる．しかし，同一コンピュータ上で稼動する複数のプログラム（プロセス）のうち，どのプログラムに対してデータを与えるかについては決められていない．そこでトランスポート層では，プロセスを識別するためのしくみが提供される．

トランスポート層ではまた，誤り制御やフロー制御，多重化，分流といった機能も提供される．こうした機能により，上位層に対してエラーのない，使いやすい仮想的な全二重通信路を提供するのが，トランスポート層の役割である．

以下では，インターネットで使われるトランスポート層プロトコルとして，**TCP** と **UDP** を取り上げて説明する．

5.2　TCP

5.2.1　TCP の機能

TCP（transmission control protocol）の第一の役割は，コンピュータ上で稼動するプロセスの区別を与え，どのデータをどのネットワークアプリケーションプログラムに与えるかを決定することである．また，TCP はトランスポート層プロトコルとして，データの誤り制御や，データ転送量を制御するフロー制御，パケット到達順序の制御などの機能を提供することで，上位層に対して仮想的な通信路であるコネクションを提供する．TCP を用いる上位層のアプリケーションプログラムは，相手のアプリケーションプログラムとの間に誤りのない直接的な接続がなされているかのように動作する．

TCP では，プロセスの区別を行うのに，**ポート番号**という概念を用いる．TCP は，ネットワーク層以下の機能によりネットワークを経由して取り込まれた TCP のパケットを，適切なプロセスに受け渡す役割をもっている．TCP では，パケットのことを**セグメント**とよぶ．TCP セグメントには，プロセスを区別する手がかりとなるポート番号という識別番号が含まれている．TCP の処理系は，ポート番号を手がかりに，TCP セグメントに含まれるデータを適切なプロセスに渡す．

図 5.1 に TCP の通信例を示す．TCP セグメントが IP データグラムのデータ部に格納されて，ネットワークから図中のコンピュータに送られてきたとする．TCP セグメントには，ポート番号が記載されている．ポート番号は，コンピュータ上で稼動しているプロセスの区別の手がかりとなる番号である．

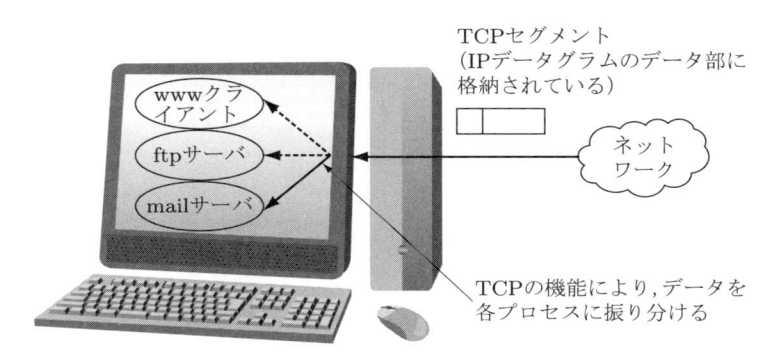

図 5.1　TCP の通信例

ポートには，大きく分けて二種類が存在する．一つは，**ウェルノウンポート**（well known port）であり，もう一つは**その他のポート**である．その他のポートには，**登録ポート**（registered port）と**短命ポート**（ephemeral port）がある．

ウェルノウンポートは，ネットワーク上で公開されるサーバプロセスに与えられるポートであり，ポート番号があらかじめ決められている．ウェルノウンポートのポート番号の例を表 5.1 に示す．ウェルノウンポート番号は 0 から 1023 の間であり，これらのポート番号を別の用途に用いてはいけないことになっている．その他のポートのうち**登録ポート**は，用途に応じて前もって割り当てられたポート番号である．たとえば，UNIX などのシステムでは，登録ポート番号 6000 番はグラフィカルユーザインタフェース管理システムの一種である，X ウィンドウシステムに割り当てられることになっている．また，**短命ポート番号**は，クライアントプロセスなどにそのつど割り当てられるポート番号である．短命ポート番号は，ある時点において一つのコンピュータ上で重複のないように決められる．

表 5.1 ウェルノウンポート番号の例

ポート番号/TCP と UDP の別	対応する上位プロトコル
7/tcp および 7/udp	Echo
20/tcp および 20/udp	ファイル転送プロトコル ftp（データ用）
21/tcp および 21/udp	ftp（制御用）
22/tcp および 22/udp	暗号化接続　ssh
23/tcp および 23/udp	仮想端末 telnet
25/tcp および 25/udp	インターネットメールプロトコル smtp
53/tcp および 53/udp	DNS
67/tcp および 67/udp	bootp（サーバ）
68/tcp および 68/udp	bootp（クライアント）
69/tcp および 69/udp	tftp
80/tcp および 80/udp	WWW のプロトコル　http
110/tcp および 110/udp	メールクライアントのプロトコル　pop3
119/tcp および 119/udp	ネットワークニュースプロトコル nntp
123/tcp および 123/udp	ntp（ネットワークタイムプロトコル）
137/tcp および 137/udp	netbios-ns（NETBIOS ネームサービス）
138/tcp および 138/udp	netbios-dgm（NETBIOS データグラムサービス）
139/tcp および 139/udp	netbios-ssn（NETBIOS セッションサービス）
143/tcp および 143/udp	imap2 imap4（メールアクセスプロトコル）
161/tcp および 161/udp	ネットワーク管理プロトコル SNMP
194/tcp および 194/udp	チャットプロトコル IRC
389/tcp および 389/udp	ldap（ディレクトリアクセスプロトコル）
443/tcp および 443/udp	https
512/tcp	リモートプロセス実行プロトコル exec
512/udp	メール着信通知プロトコル biff

さて，図 5.1 において，送られてきた TCP セグメントの宛先ポート番号が 25 番であったとする．25 番は mail サーバプロセスのためのウェルノウンポート番号であるので，TCP の処理システムは，TCP セグメントに格納されたデータを mail サーバに送る．

TCP における通信は，IP アドレスとポート番号，および TCP/UDP の別の組合せにより，識別することができる．たとえば，図 5.2 で WWW サーバと WWW クライアントの通信は，表 5.2 のように表現することができる．

ここで図 5.3 のような，新たに別のコンピュータからデータの要求があり，新たな TCP のコネクションが作られたとする．この場合，後から作成されたコネクションは，表 5.3 のように表現できる．後から作成されたコネクション

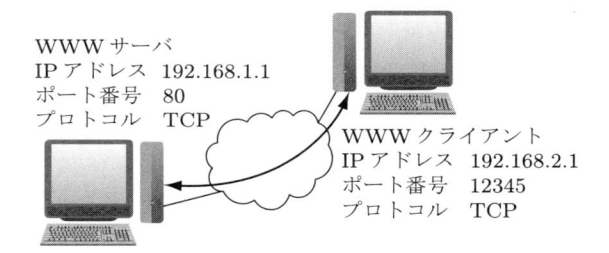

図 5.2 WWW サーバと WWW クライアントの通信

表 5.2 図 5.2 における通信の様子

プロトコル	TCP
WWW サーバの IP アドレス	192.168.1.1
WWW サーバのポート番号	80
WWW クライアントの IP アドレス	192.168.2.1
WWW クライアントのポート番号	12345

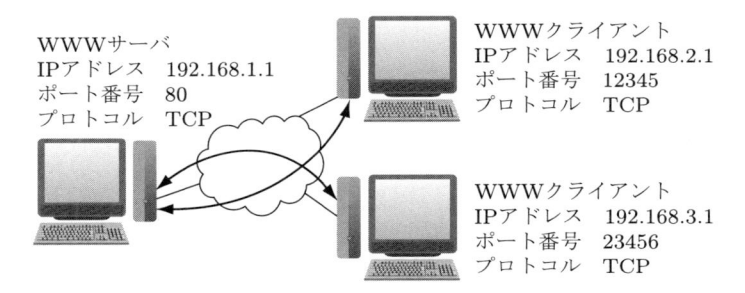

図 5.3 WWW サーバに対する新たなコネクション

表 5.3 図 5.3 における新たなコネクション

プロトコル	TCP
WWW サーバの IP アドレス	192.168.1.1
WWW サーバのポート番号	80
WWW クライアントの IP アドレス	192.168.3.1
WWW クライアントのポート番号	23456

は，先に確立していたコネクションのものとは値の組合せが異なるので，二つのコネクションを区別することが可能である．このように，同じサーバに対する複数のコネクションでも，IP アドレスやポート番号がクライアントごとに異なることで，コネクションを区別することが可能である．

5.2.2 TCP セグメントの構成

TCP セグメントは**ヘッダ部**と**データ部**から構成される．ヘッダ部の構成を表 5.4 に示す．TCP セグメントは，IP データグラムのデータ部に格納されて運ばれる．

表 5.4 で，**source port** と **destination port** は，それぞれ送信元と受信側のポート番号である．**sequence number** は，あるセグメントのデータ部に格納

表 5.4 TCP セグメントヘッダの構成

フィールドの名称（ビット数）	説明
source port（16）	発信元のポート番号
destination port（16）	受信側のポート番号
sequence number（32）	シーケンス番号．TCP セグメントのデータ部に格納されたデータの先頭が，データ全体の何バイト目であるかを計算するための番号．
acknowledgment number（32）	確認応答番号．通信のはじめからどの部分までのデータを受け取ったかを送信元に伝えるためのフィールド．
data offset（4）	32 ビットを単位としたときの，ヘッダの長さ．TCP セグメント内部で，どの位置からデータ部が開始されるかを表す．
reserved（6）	将来の拡張用のフィールド．0 にセットしなければならない．
control bits（6）	6 ビットのフラグ．セグメントの役割や，フィールドが意味をもつかどうかを示す．
window（16）	ウィンドウサイズ．一度にまとめて送信できるセグメントのデータ量を表す．
checksum（16）	エラー検出用のチェックサムデータ．
urgent pointer（16）	優先度の高いデータ（緊急データ）の終了位置．
options（可変）	オプション
padding（可変）	ヘッダの大きさを 32 ビット単位にそろえるための詰め物．0 を詰める．

されたデータが，データ全体のうちの何バイト目であるかを計算するための番号である．sequence number の初期値は，通信を始める前に決定される．すなわち，後述する control bits の SYN フラグが 1 のときに送られてきた sequence number の値が，その通信における初期値となる．初期値は 0 や 1 とは限らないので，sequence number の値がそのままデータ位置を表すわけではない．

acknowledgment number は，control bits の ACK フラグが 1 のときに意味をもち，そのセグメントを送信した側のコンピュータがつぎに受け取ることを期待する sequence number を表す．**data offset** は，ヘッダの長さを 32 ビット単位で表した数値である．TCP セグメントのデータ部がどこから始まっているのかを計算するのに用いる．**reserved** は拡張用の予約領域である．

control bits は表 5.5 に示す六つのフラグをまとめたフィールドである．フラグにはそれぞれ意味がある．たとえば SYN フラグが 1 であれば，そのセグメントは sequence number の初期化データを行うセグメントであることを意味する．

window は，セグメントを送り出した側が相手から一度に受け取ることのできるデータ量の上限を与える．checksum は，エラー検出のためのフィールドである．ヘッダ部とデータ部のデータを 16 ビットの 2 進数として足し合わせた結果を格納し，受信側でエラー検出のために用いる．urgent pointer は，緊急データの終了位置を表す．options はヘッダのオプションであり，padding はヘッダの大きさを 32 ビット単位にそろえるために 0 を埋めたフィールドである．

表 5.5　control bits に含まれる六つのフラグ

フラグの名称	説明
URG	urgent pointer が有効
ACK	acknowledgment フィールドが有効
PSH	push function（バッファリングせずに，データを受信側へ渡し終える）
RST	コネクションのリセット
SYN	sequence number の初期化
FIN	データの終わり

5.2.3　TCP の通信手順

TCP の通信は，**コネクションの確立**から始まり，**コネクションの切断**で終了する．コネクションの確立には，SYN フラグを用いた **3 ウェイハンドシェーク**とよばれる手順を実施する．またコネクションの切断では，FIN フラグを

用いたコネクション閉鎖手順が実施される．コネクションの確立における3ウェイハンドシェークの様子を図5.4に示す．

TCPでは，**アクティブオープン**と**パッシブオープン**という概念がある．アクティブオープンとは接続を開始することをいい，パッシブオープンとは接続を待ち受けることをいう．図5.4では，クライアントと示した側がアクティブオープンを実施し，サーバと示した側がパッシブオープンを実施している．一般にクライアントサーバシステムでは，クライアントはアクティブオープンを実施し，サーバはパッシブオープンを実施する．図5.4 (a) で，クライアントはサーバに対して，SYN フラグを1にセットしたセグメントを送出している．これに対して，サーバは (b) のように，SYN および ACK フラグを1にセットしたセグメントを送出する．さらに，クライアントは ACK フラグを1にセットしたセグメントを送出する．この3回のやりとりで，TCP のコネクションが確立する．これを3ウェイハンドシェークとよぶ．

コネクションの切断においては，図5.5のように FIN フラグをセットしたセグメントを用いる．クライアント側が FIN フラグおよび ACK フラグをセッ

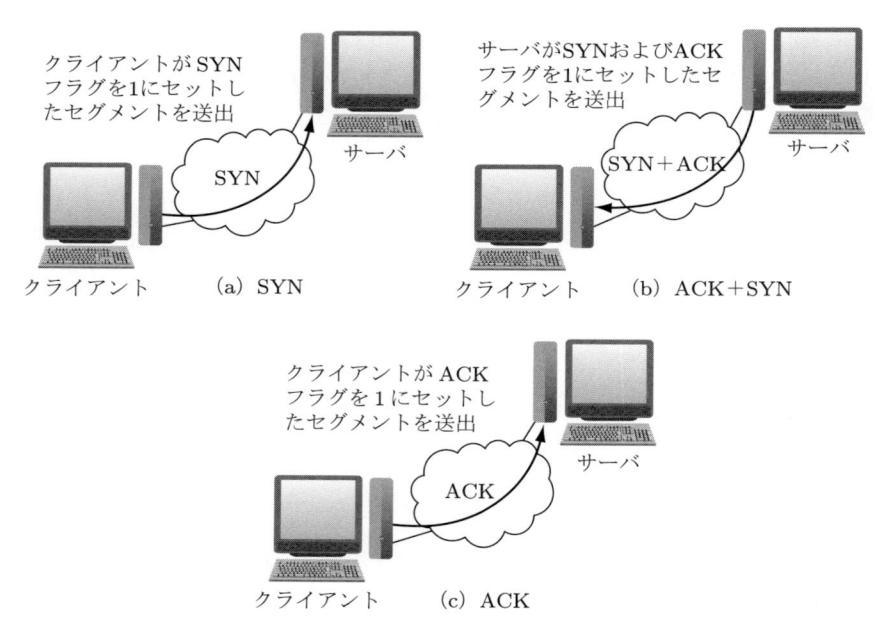

図 5.4 コネクションの確立における3ウェイハンドシェークの様子

トしたセグメントを送る．これに対してサーバ側は ACK フラグをセットしたセグメントを返答として送り，続いてサーバ側が FIN および ACK フラグをセットしたセグメントを送る．最後にクライアントが ACK フラグをセットしたセグメントを送り，TCP コネクションが切断される．

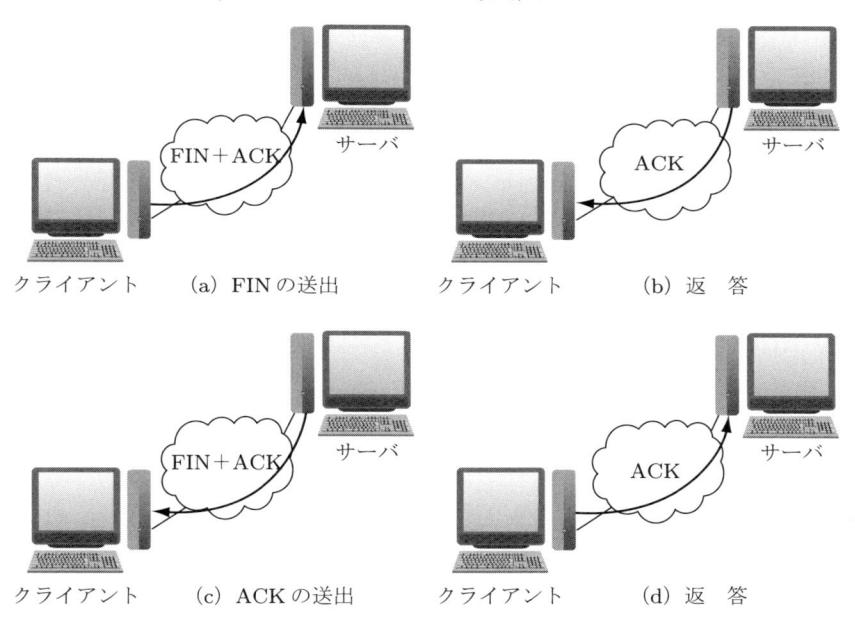

(a) FIN の送出　　(b) 返答
(c) ACK の送出　　(d) 返答

図 5.5　コネクションの切断

例題 5.1 TCP では，全二重で誤りのない通信路であるコネクションを提供する．TCP のコネクションと，IP におけるデータグラム伝送の比較をしなさい．

解　IP データグラムは，一般に半二重の通信を用いて半二重により伝送される．伝送の単位は IP データグラムであり，連続したデータは適当に分割して IP データグラムに格納され，それぞれ別個に伝送される．その到着順序は，送信の順になるとは限らない．また，誤りが生じた場合の処理は上位層プロトコルに任される．

TCP のコネクションは，全二重の仮想通信路であり，データを連続して伝送することができる．受信側では，送信元で送信した順にデータが取り出される．誤り訂正は TCP の実装システムが行うので，アプリケーションプログラムでは誤り制御や順序制御を考える必要はない．

5.3 UDP

UDP（user datagram protocol）は，ポート番号によるプロセスの識別を行うことだけを目的とした，簡易的なトランスポート層プロトコルである．本来，トランスポート層プロトコルはフロー制御や順序制御といった処理を行うことが要求されている．しかし，UDPではそうした処理は上位層に任せてしまい，ポート番号の処理だけを行う．このため，UDPを用いるネットワークアプリケーションプログラムは，誤り制御などに関する処理を行わなければならない．この点から，ネットワークアプリケーションプログラムを作るのならTCPを使う方が簡単である．

UDPの利点は，処理効率のよさにある．TCPと比較してUDPは単純であるので，処理に要する手間はUDPの方がTCPよりもはるかに小さい．このためUDPは処理効率がよく，同じコンピュータを使った場合，TCPよりもUDPの方が処理スピードを上げることが可能である．こうしたことからUDPはファイル共有システムやネットワークブートシステムのように，処理速度を要求されるネットワークシステムにおいて用いられる傾向にある．

UDPのパケットは**UDPデータグラム**とよばれる．UDPデータグラムも他のパケットと同様にヘッダとデータから構成される．UDPデータグラムのヘッダの構成を表5.6に示す．

UDPデータグラムのフィールドは四つしかない．このうち最初の二つは送信元と受信先のポート番号を与える**source port**と**destination port**である．あとは，データグラムの大きさを与える**length**と，エラー検出用の**checksum**である．このように，UDPデータグラムは，IPデータグラムにポート番号を付加した程度の単純な構造からなるパケットである．

UDPによる通信には，コネクションの概念が存在しない．したがって，TCPの3ウェイハンドシェークのような，コネクションの開始や切断といった概念もない．逆に，TCPのように一対一の接続に限る必要もないので，1台のコンピュータが送り出したUDPデータグラムを複数のコンピュータが同時に利用するようなネットワークアプリケーションを構築することが可能である．このように，CPとUDPはそれぞれ特徴があるので，アプリケーションに応じて使い分ける必要がある．

表 5.6 UDP データグラムの構成

フィールドの名前(ビット幅)	説明
source port (16)	送信元のポート番号
destination port (16)	受信側のポート番号
length (16)	UDP データグラム全体のバイト数
checksum (16)	チェックサム

例題5.2 UDP は IP に対してどのような機能拡張がなされているといえるだろうか．

解 基本的に，IP にプロセス識別の機能拡張を施したのが UDP である．データのやりとりについては IP と UDP はほとんど同じである．このため，IP のパケットも UDP のパケットも，共にデータグラムという名称が与えられている．

第 5 章のまとめ

- トランスポート層プロトコルの目的は，アプリケーションプログラム間で，**信頼性の高い全二重の仮想的な通信路**を提供することにある．
- TCP や UDP では，プロセスの区別に**ポート**という概念を用いる．
- **TCP** は，上位層に対して誤りのない全二重通信路である **TCP コネクション**を提供する．
- **UDP** は機能が単純であり，TCP と比較して高速な処理が要求される場合に用いられる．

演習問題

5.1 多くのオペレーティングシステムでは，プロセス番号という番号を用いてプロセスの識別を行っている．プロセス番号は，プロセスを生成するたびにオペレーティングシステムがプロセスに対して与える識別番号である．TCP や UDP では，プロセスの識別にポート番号を用いるが，ポート番号のかわりにプロセス番号を用いることはできないだろうか．

5.2 ウェルノウンポートや登録ポートの具体的割り当てについて調べなさい．

5.3 3 ウェイハンドシェークのしくみを悪用するシステム攻撃手法に SYN flood 攻撃がある．これは，ハンドシェークの最後の段階（ACK フラグを 1 にセットしたセグメントを送出する段階）の返答をせずに，きわめて多量の TCP 接続要求を繰り返すことでサーバの処理をあふれさせる攻撃である．SYN flood 攻撃に対処す

る方法を考察しなさい．

5.4 リアルタイムでマルチメディアデータを伝送するようなネットワークアプリケーションでは，TCP より UDP を用いる場合が多い．なぜか．

第6章 セション層とプレゼンテーション層

本章では，セション層とプレゼンテーション層に関して説明した上で，近年，とくに重要性を増しているネットワークセキュリティの問題について取り上げる．

6.1 セション層とプレゼンテーション層

6.1.1 セション層とプレゼンテーション層の役割

OSI 参照モデルにおける**セション層**と**プレゼンテーション層**は，第 5 層と第 6 層に位置し，それぞれ通信セッションの中断や再開といったセッションの管理と，文字や図形の表現に関するプロトコルを規定する階層である（表 6.1）．

セション層では，送信元と受信側を結ぶ仮想的な通信路であるコネクションを確立し，コネクションを利用したデータの転送に関するプロトコルを規定する．また，半二重と全二重の区別などに関するデータ転送方法の設定や，エラー回復処理，データ転送の中断と再開などに関するプロトコルを規定する．

プレゼンテーション層ではデータの表現に関するプロトコルを扱うほか，符号や文字セットの変換，データの圧縮やデータ構造の操作などについても規定する．また，**ネットワークセキュリティ**について規定するのもプレゼンテーション層の役割である．

表 6.1 セション層とプレゼンテーション層

層	名 称	規定すべき内容
第 6 層	プレゼンテーション層	データ表現（文字や図形），データ圧縮，データ構造の操作，ネットワークセキュリティ
第 5 層	セション層	コネクションの確立とコネクションを用いたデータ転送方式，エラー処理，転送の中断と再開

6.1.2 インターネットアプリケーションにおけるセション層とプレゼンテーション層

インターネットで用いられるプロトコル群では，セション層とプレゼンテーション層を含めた上位層についての区別が明確でない場合がほとんどである．たとえば，WWWではマルチメディアデータを扱うが，その表現はWWW上の個々のアプリケーションと不可分である．また，電子メールなどのメッセージ交換ツールにおけるセション管理は，個々のメッセージ交換プロトコルごとにそれぞれ規定されている．

このように，OSI参照モデルの精神からはセション層とプレゼンテーション層で規定すべきプロトコルが，インターネットではネットワークアプリケーションごとにそれぞれ別個に規定しているのが現状である．このため，インターネットで用いられるセション層プロトコルやプレゼンテーション層プロトコルは，明確にはアプリケーション層プロトコルと分離できない．

そこで，これらの具体的な内容については，次章以降のネットワークアプリケーションに関する説明において取り上げることにする．

6.2 ネットワークセキュリティ

6.2.1 ネットワークセキュリティとは

システムの**セキュリティ**とは，自然災害や人災，あるいはシステムに対する意図的な攻撃などから，システムを守ることである．したがって，ネットワークセキュリティとは，ネットワークシステムを前述の脅威から守ることを意味する．ネットワークセキュリティは本来はこのように広い範囲を対象とするが，意図的な攻撃からネットワークシステムを守るという狭い意味だけに用いられることも多い．また，社会的にとくに問題となっているのも，後者の意味でのネットワークセキュリティである．本節では主として，意図的な攻撃への対処という意味の，狭い意味のネットワークセキュリティについて考察する．

ネットワークセキュリティの確保は，単体のコンピュータのセキュリティを確保することよりも格段に難しい．単体のコンピュータであれば，物理的な方法でセキュリティを確保することが比較的容易である．たとえば，鍵のかかる部屋にコンピュータを設置すれば，それだけでセキュリティのレベルは格段に向上する．しかし，ネットワークセキュリティではこの方法は不可能である．

ネットワークの物理的通信路をすべて鍵のかかる部屋に収納するのは困難であるし，そもそも物理的なアクセスを他のコンピュータに対して禁止してしまったら，インターネットのような不特定多数の参加するネットワークシステムは構築することができない．不特定多数の参加を許しつつ，必要なセキュリティ上の措置をいかにして行うかが，ネットワークセキュリティの難しいところである．

6.2.2 ウイルスとワーム

社会へのインターネットの浸透とともに問題となっているのが，コンピュータウイルスやネットワークワームの蔓延である．**ウイルス**や**ワーム**の与える被害により，いずれインターネットは機能できなくなるという予想があるほど，ウイルスやワームの被害は深刻である．

ウイルスやワームは，コンピュータプログラムの一種である．主として，電子メールやWWWなどのネットワークアプリケーションソフトウェアが交換するデータに隠れて，ネットワーク経由で他人のコンピュータに侵入し，コンピュータに対して悪意のある影響を与える．通常，ネットワークからの外部者のアクセスは，オペレーティングシステムが管理している．しかし，ウイルスやワームは，オペレーティングシステムやネットワークアプリケーションソフトウェアの不具合を悪用して，むりやり侵入してくるのである．

ウイルスがコンピュータに侵入してコンピュータに潜んでいる状態を，「**感染した**」と表現する．ウイルスやワームはコンピュータプログラムであるから，感染とは，コンピュータ内部の記憶装置のどこかにウイルスやワームのプログラムがコピーされ，プログラムとして実行可能となった状態をいう(図6.1)．

ウイルスがコンピュータに与える影響はさまざまである．画面に余計な情報を表示する，キーボードやマウスの動作を狂わせる，ハードディスクの内容を

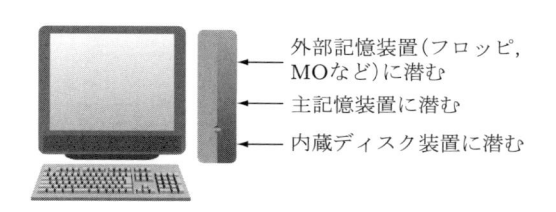

← 外部記憶装置(フロッピ，MOなど)に潜む
← 主記憶装置に潜む
← 内蔵ディスク装置に潜む

図6.1　ウイルスの感染

すべて消去する．コンピュータのハードウェアを制御するBIOSを書き換えてコンピュータを使えなくするなど，感染したコンピュータに対する影響はさまざまである．ウイルスの影響が生じることを「**発症した**」と表現する．

多くのウイルスは，感染から発症までにある程度の時間を要するように設計されている．これを「**潜伏**」とよぶ．潜伏期間をおくのは，ウイルス対策を遅らせて被害を拡大させるためである場合が多い．なお，感染するだけで発症せず，後は何もしないウイルスも数多く存在する．まとめると，ウイルスとは，感染，潜伏，発症などの機能を備えたコンピュータプログラムである．

普通，ウイルスは，感染したコンピュータを踏み台として，他のコンピュータに対して侵入を試みる．つまり，感染を繰り返す．たとえば，電子メールを利用して感染するウイルスでは，発症すると感染したコンピュータに蓄えたメールアドレスのデータを使って，メールを次々と送りつける場合がある．この際，ウイルスはメールに添付されたプログラムとして自分自身を送り，メールの本文には意味ありげな内容のデータを記述する．ウイルスつきのメールを送られた人は，知人からのメールであることから用心せずに添付のプログラムを実行してしまう．こうしてウイルスがネットワーク上に蔓延する(図6.2)．

ウイルスは，インターネットが普及する以前から存在した．媒体としてはネットワークのかわりに，たとえばフロッピーディスクを利用し，フロッピーディスクから本体のハードディスクへ，またその逆の経路で感染した．当時のウイルスは，伝播が遅く，対応も比較的容易であった．これに対して，ネットワー

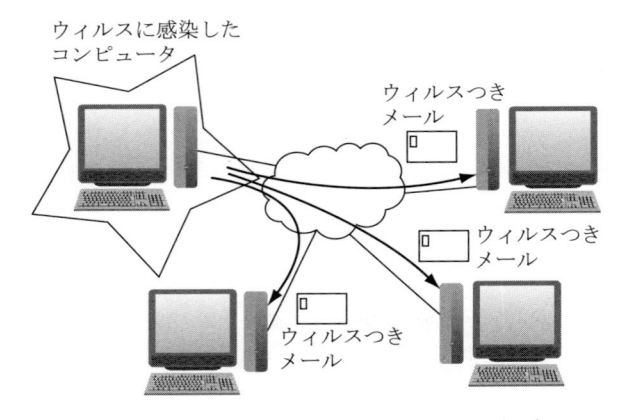

図 6.2 電子メールの悪用によるウイルスの浸透

クを前提とするウイルスは伝播がきわめて早く，対応が困難である．

ワームはウイルスと比較して，よりネットワーク環境に特化したプログラムである．ワームはウイルスと異なり，他のネットワークアプリケーションに頼らずに，自らのネットワーク機能を利用して他のコンピュータに感染する機能をもっている．ただし，ワームとウイルスの区別は曖昧であり，ワームやウイルスを両方とも（広義の）ウイルスとして一括して扱う場合も多い．

ウイルスに対抗するためには，ウイルスに付け入られるような欠陥をコンピュータシステムから取り除かなければならない．これは，言うのは簡単であるが，実行するのはなかなか困難である．オペレーティングシステムや高機能なネットワークシステムアプリケーションのように巨大なソフトウェアは，欠陥なく作成することがきわめて困難だからである．

現状では，欠陥が発見されるたびに，修正用のソフトウェアが頒布され，利用者が自分で修正ソフトウェアを実行することで少しずつ修正を進める必要がある．利用者は自分の使用するソフトウェアシステムについての最新情報を常に入手し，すみやかに修正を加えなければならない．このためには，利用者はコンピュータシステム上で稼動しているソフトウェアを一つひとつ把握し，それぞれがどういう状態であるかを管理する必要がある．

ウイルスに対する対応策として，**ウイルス駆除ソフトウェア**を併用するのも一般的な方法である．ウイルス駆除ソフトウェアはウイルスに関するデータベースをもち，コンピュータシステム内にウイルスが存在するかどうかを調べる機能をもっている．また，ウイルスが存在した場合，データベース内の情報に従って，可能であればウイルスを取り除く．ウイルス駆除ソフトウェアはデータベースの情報によりその能力が決まる．新種のウイルスに対応するためには，ネットワークを使って新種ウイルスの情報を手に入れておく必要がある．

ウイルスは自然に発生するものではなく，悪意をもった何者かが作成した上で，ネットワークを使ってばら撒いたものである．したがって，技術的対応だけでなく，法律などの社会システムによる対応も必要である．

6.2.3 なりすましと認証

ネットワークシステムは，複数のコンピュータをネットワークで互いに接続したシステムである．ある利用者が，ネットワークシステム上のどのコンピュータを使うことができるかは，あらかじめ決められている．ある利用者がそのコ

ンピュータを使う権限があるかどうかを調べる操作が**認証**である.

典型的な認証の方法は，**利用者番号**と**パスワード**を用いる方法である．利用者番号は，数字やアルファベットなどの文字列で与えられた利用者の識別子である．パスワードは，利用者番号と組になって決められる文字列である．パスワードを秘密にしておいて，システムに対して利用者番号を入力したのが本人であることを確認するためにパスワードを用いる．利用者番号とパスワードによる認証は簡便で比較的強力であるので，さまざまなネットワークシステムで用いられている．この方法を以下ではパスワード方式とよぶことにする．

パスワード方式は，パスワードが他人には知られていないことが認証の前提となっている．もしパスワードが盗まれ他人に知られると，他人が本人になりすましてコンピュータシステムを利用することが可能になってしまう．パスワードを盗む方法はいろいろある．もっともよく用いられる方法は，単に本人に聞くという方法である．利用者が信用しそうな人物，たとえばシステム管理者やセキュリティ管理者の名前をかたり，テストのために必要なのでパスワードを教えてほしいなどといって聞き出す．このような単純な方法でパスワードを教える場合があるとは思えないかもしれないが，意外にもこの方法でパスワードを不正に入手されてしまう事例は多い．

技術的な方法も多数知られている．たとえば，ウイルスなどの不正なプログラムが，利用者のパスワードを書き込んだパスワードファイルを盗み出す場合がある．UNIXなどではパスワードファイルを格納する場所はファイルシステムの中でほぼ決まっているので，ウイルスなどがシステムに侵入すれば，パスワードファイルを盗み出すことが可能な場合も多い．

パスワードを管理するパスワードファイルは，後述する暗号技術によって暗号化されており，パスワードファイルを入手してもそのままではパスワードを知ることはできない．しかし，パスワードとして使われそうな文字列をパスワードと同じ方法で暗号化し，パスワードファイル上の暗号化したパスワードと比較すれば，パスワードが知られてしまう場合がある．つまり，パスワードとして使われそうな文字列として，たとえば辞書に載っている単語やその前後に数字を付け加えたもの，また固有名詞や利用者に関係ありそうな記号列などを大量に暗号化し，それぞれをパスワードファイルの暗号化されたパスワードと比較するのである（図 6.3）．

この方法に対抗するために，パスワードとして推測が可能な文字列は使わな

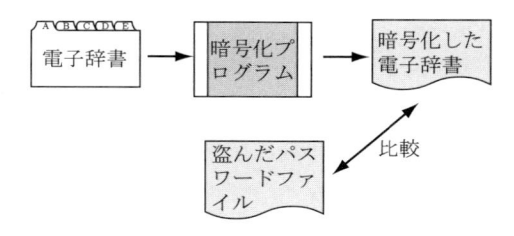

図 6.3 パスワードファイルの辞書総あたりによる解読

いようにしなければならない．辞書に載っている単語や固有名詞はすべてパスワードとして不適切である．だからといって，記憶できないようなランダムな記号列をパスワードにするわけにもいかない．よく推奨されるのは，フレーズの頭文字をつなげたパスワードである．英語でもローマ字つづりの日本語でもよいが，適当なフレーズを作ってその頭文字をつなげたものをパスワードとする方法である．

ネットワークシステムにおいては，パスワード方式は思わぬ脆弱性を呈する場合がある．インターネットを用いてパスワードを送る場合，パスワードを記述したパケットは途中のネットワークやルータを経由して運ばれる．この際，途中のネットワーク上のコンピュータやルータは，パスワードを含んだパケットを読み取ることが可能である．実際，後述する telnet 仮想端末プロトコルや ftp ファイル転送プロトコルでは，パスワードを暗号化せずにやり取りするため，パスワードをネットワークの途中で取得することが可能である．

telnet や ftp のようにパスワードを暗号化しないで送ったり，暗号化しても毎回同じ暗号でパスワードを送ると，パスワードあるいはパスワードにあたる暗号文を不正に読み取られてしまう可能性がある．パスワードがわからなくても，パスワードを暗号化した暗号文が手に入れば，暗号文を不正に利用することでシステムを攻撃できる場合がある．こうなっては，パスワードがよくても悪くても関係がない．

こうした問題に対処するには，毎回異なるパスワードを送らなければならない．この考えに基づくパスワード方式が，**ワンタイムパスワード**である．ワンタイムパスワードは，初期パスワードと，つぎのパスワードを生成する計算式を用いたパスワード方式である．パスワードを送る側と受け取る側があらかじめ初期パスワードと計算式を共有し，毎回異なるパスワードを送ることにする．こうすれば，途中でパスワードが盗まれても，計算式が秘密ならつぎのパスワー

ドを知ることはできない．このように，ワンタイムパスワードはセキュリティの向上に有用であるが，つぎのパスワードの計算に計算機が必要な点が欠点である．

以上のように，さまざまな改良を加えれば，パスワード方式もそれなりにセキュリティは向上する．しかし，パスワード方式には限界がある．そこで，その他のさまざまな認証方法が提案されている．

パスワードを含め，現在利用可能な認証手法として，表6.2に示すような手法がある．このうち実際に広く利用されているのは，パスワードやパスフレーズなど利用者の知識によるものである．利用者の所有物による認証は，端末となるコンピュータに特別な装置を付加しなければならないし，認証に必要なカードなどを常に持ち歩かなければならないため，特殊な用途のみで用いられる傾向にある．同様に，利用者自身の特性によるものも，特別な装置が必要になる場合がほとんどである．しかし，たとえば指紋の読み取り装置などは比較的安価で信頼性も高いため，今後さまざまな用途に用いられることが期待されている．

認証に関しても，社会システムとして保護する動きが明確になっている．たとえば，日本の法律では，パスワード方式の認証を破ろうとする試みは，試みること自体が違法であると定めている．他人のユーザ番号を入力し，あてずっぽうにパスワードを入力するだけでも違法となるので注意が必要である．

表 6.2 さまざまな認証方法

分類	具体例	説明
利用者の知識によるもの	パスワード，パスフレーズ	利用者だけが知っている知識に基づく認証方法．他人に知られた場合にはまったく無力．
利用者の所有物によるもの	磁気カード，ICカード	利用者のもっているものに基づく認証方法．盗まれる危険性がある．
利用者自身の特性によるもの（バイオメトリクス）	指紋，掌紋，網膜，血管，顔の画像，利用者の行動特性	利用者自身の生体的特長や挙動の特徴に基づく認証．怪我などの変化で認証ができなくなる場合がある．

例題 6.1 コンピュータユーザの中には，「パスワードシステムが破られ侵入されても盗まれるような機密データなどもっていないから問題ない」と，考える人もいる．この考えは正しいだろうか．

> **解** 侵入されたコンピュータシステムに価値のあるデータが存在しないとしても，侵入者がそのコンピュータシステムを踏み台にしてほかのコンピュータを攻撃するかもしれない．その場合，侵入されたコンピュータシステムについて管理責任が問われることになるだろうから，問題のような考えは誤っているといえる．このことは，管理が悪いためにウイルスに感染し，それが原因となって他者に被害を与えた場合も同様である．

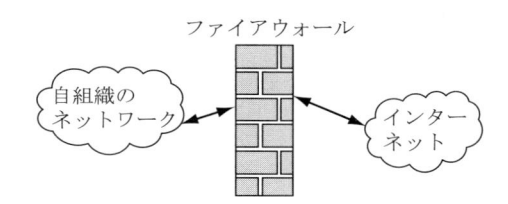

6.2.4　ファイアウォール

ファイアウォール（firewall）は，防火壁という意味である．ネットワークの世界では，ファイアウォールは情報の関所となる装置を意味する．つまり，外部のネットワークと内部のネットワークの接点に設置し，ネットワークセキュリティを脅かすような侵入を食い止めるための装置である（図 6.4）．ファイアウォールの技術は，インターネットという不特定多数の人が参加するネットワークの発展とともに発達してきた．

図 6.4　ファイアウォール

ファイアウォールはさまざまなセキュリティ技術を融合したシステムであるが，その物理的な構成は，ルータやコンピュータを組合せたものである（図 6.5）．本格的なファイアウォールを設置する場合には，普通，外部ネットワークと内部ネットワークとの間に第3のネットワークを設置し，この両端にルータを接続する．こうして作成したネットワークを非武装地帯（DMZ：demilitarized zone）とよぶ．非武装地帯には，一般ユーザが使う普通のコンピュータはおかず，外部と内部のネットワークを結ぶのに必要な，セキュリティレベルが高く一般ユーザをもたないコンピュータのみを設置する．

インターネットで利用されるファイアウォールの機能は大きく分けて三種類からなる．ファイアウォールの機能の要約は，表 6.3 に示すとおりで，これらすべての機能をもっているのが基本であるが，特定の機能だけを有する簡易的

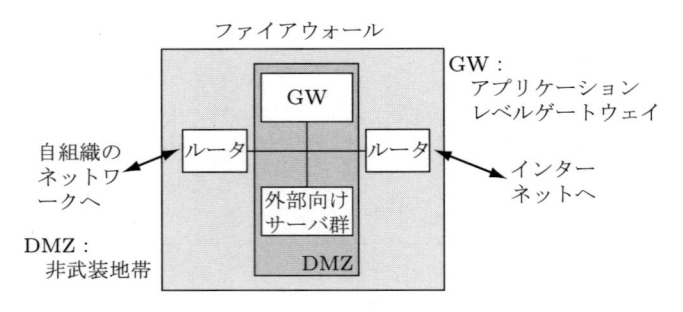

図 6.5 ファイアウォールの内部構造

表 6.3 ファイアウォールの機能

名　称	機　能
IPアドレスレベルのアクセス制限	IPアドレスやDNSの名前によってアクセスを制限する.
パケットフィルタリング	IPアドレスやポート番号の組合せによってアクセスを制限する.
アプリケーションレベルゲートウェイ	ネットワークアプリケーションプログラムごとにデータの監視を行う.

なファイアウォールを用いる場合も多い.

　IPアドレスレベルのアクセス制限は，ある特定のアドレスからのデータを受け付けないとか，決められた相手からのデータしか受け付けないなどの方法で通信を制限する手法である．通信相手が決まっている場合には有効な手法であるが，通信の柔軟性が損なわれる可能性がある．たとえば，組織内部のクライアントコンピュータからインターネット上のWWWサーバにアクセスしようとしても，決められたサーバ以外にはアクセスできなくなる．

　パケットフィルタリングは，IPアドレスの他にポート番号も考慮して，それらの組合せによってファイアウォールの通過を許可するパケットを選別する技術である．パケットフィルタリングはIPアドレスだけに基づく制限よりも柔軟な設定が可能である．たとえば，外部から自組織へのファイル転送要求は拒否するが，自組織から外部へのファイル転送要求は許可するといった設定が可能である．ただし，設定が柔軟である分，設定のミスによってセキュリティ上の問題を生じてしまう危険性もある．

　アプリケーションレベルゲートウェイは，ネットワークアプリケーションごとに情報を中継するゲートウェイプログラムを実行させる方法である．この方

法は，もっとも柔軟なセキュリティ設定が可能である．たとえば，外部から到着した電子メールのデータを，ファイアウォール内部の電子メールゲートウェイがいったん取り出し，ウイルスチェックを行った上で改めて自組織内部のメールサーバへ転送するといった運用が可能である．この方法の欠点は，設定やプログラムが複雑になりすぎて，セキュリティ上の問題を起こす危険性が高いという点である．先の例でいえば，電子メールゲートウェイは電子メール配信ソフトウェアを使うので，電子メールゲートウェイ自身がウイルスや侵入に対して脆弱性を有することになる．

以上のように，ファイアウォールは決して万能のセキュリティシステムではない．不適切な設定をすれば，ファイアウォールは何の役にも立たない．また，ファイアウォールは，一般ユーザを排し，余計なネットワークアプリケーションを停止することで，自分自身のセキュリティを保っている．だから，万一ファイアウォールの運用を誤り，たとえばファイアウォール上に余分なネットワークアプリケーションを稼動してしまったら，そこがファイアウォール自体のセキュリティ上の問題となることも考えられる．

ファイアウォールをどのように運用するかは，ある組織がネットワークシステムをどう使うかにかかっている．定型的な業務を決められた相手を対象に行うためのネットワークシステムであれば，ファイアウォールによるネットワークの保護はきわめて有効である．しかし，逆にネットワークを駆使して創造的な仕事を行おうというのであれば，ファイアウォールによるネットワーク利用の制約は，本来の業務の足かせとなってしまう危険性もある．ファイアウォールをどう使うかは，その組織がネットワークシステムをどう考えているかの鏡である．

例題6.2 ファイアウォールを設置すれば，それだけでネットワークシステムのセキュリティが確保されるのだろうか．

解 ファイアウォールは，「その部分に管理者がセキュリティ上の配慮を集中することで，システム全体のセキュリティレベルを引き上げることができる」という趣旨のシステムである．したがって，ファイアウォールがセキュリティ確保に役立つかどうかは，あくまで管理者の運用しだいである．

6.2.5 暗 号

暗号技術は，ネットワークセキュリティの根幹を担っている．とくに，電子商取引システムなど，インターネットを社会的に有用な技術的基盤として用いる際には，システムの成立そのものが暗号技術にかかってくる．こうしたシステムにおいて暗号技術は，クレジットカードの番号や銀行の口座番号などに代表される，他人に対して秘密にしておかなければならないデータを保護するために用いられる．

暗号は，通信にかかわるもの以外には通信データの内容がわからなくなるように，通信データに一定の変換を施す処理の体系である．送信したい本来のデータを**平文**（ひらぶん）といい，平文を暗号文に直す操作を**暗号化**という．逆に，暗号文を平文に直す操作を**復号**という．暗号化や復号のアルゴリズムにはさまざまな種類がある．その中の一つを選んだ場合，同じ暗号アルゴリズムでも，相手によって異なる暗号化が行われなければならない．このために，暗号アルゴリズムでは**鍵**とよばれるデータを用いる．暗号システムを利用してデータを送信する際，暗号システムに対して送信したい平文とともに鍵を与える．鍵を変更すれば得られる暗号文が変化するため，同じ暗号アルゴリズムでも相手ごとに異なる結果を得ることができる．

表 6.4 に示すように，暗号は二種類に大別される．一つは**対称鍵暗号系**であり，もう一つは**非対称鍵暗号系**である．対称鍵暗号系は古くから存在する暗号系であり，慣用暗号系ともよぶ．対称鍵暗号系では，暗号化と復号に同じ鍵を用いるため，送受信者以外が鍵を手に入れても，暗号文を解読できてしまうので，鍵を秘密にしなければならない．そこで，対称鍵暗号系のことを**秘密鍵暗号系**とよぶこともある．

対称鍵暗号系は，たとえば，文字の置き換えや単語の順番の入れ替えなどを行うことで暗号文を作成する．この方法は単純ではあるが，置き換えや入れ替えの操作を何度も繰り返せば，十分実用に耐えうる暗号系を設計することが可能である．その例として，**DES**（data encryption standard）という暗号系

表 6.4 暗号の種類

種　類	説　明
対称鍵暗号系	暗号化と復号に同じ鍵を用いる暗号．慣用暗号系あるいは秘密鍵暗号系ともいう．
非対称鍵暗号系	暗号化と復号に異なる鍵を用いる暗号．公開鍵暗号系ともいう．

がある．DES は置き換えや入れ替えを複雑に繰り返すことで平文を暗号化する暗号系で，一般にも広く用いられている．

対称鍵暗号系は計算が比較的容易で十分強力であるため，暗号系として有用である．しかし，インターネット上で稼動するネットワークシステムで用いる際には，重大な問題がある．それは，**鍵の配送の問題**である．対称鍵暗号系で通信を行う場合，通信相手ごとに鍵を変更しなければならない．つまり，通信相手ごとに鍵を設定しなければならないのである．

インターネット上で稼動するネットワークシステムでは，通信相手が不特定多数となる場合が多い．たとえば，ネットワークショッピングのシステムを考えてみる．買い物をする利用者は不特定多数であり，対称鍵暗号系だけを用いてネットワークショッピングシステムを構築すると，ネットワーク上を暗号化せずに鍵を配信してしまっては鍵が盗まれてしまうので，不特定多数の顧客に対して鍵を配信する手段がない．結局，この場合は対称鍵暗号系以外の方法を用いて鍵を配信しなければならなくなる．

非対称鍵暗号系はこうした要請に合致した暗号系である．図 6.6(b) に示すように，非対称鍵暗号系は，暗号化と復号で異なる鍵を用いる暗号系である．暗号化の鍵から復号の鍵を推測することはできないため，暗号化の鍵を知られても暗号の安全性には一切影響はない．したがって，暗号化の鍵を公開することが可能である．そこで非対称鍵暗号系は，**公開鍵暗号系**ともよばれる．

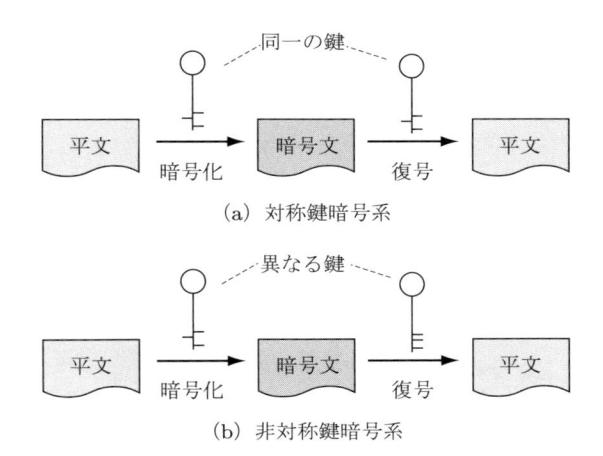

図 6.6 対称鍵暗号系と非対称鍵暗号系

鍵を公開することで，先の鍵の配送問題を解決することができる．先ほどのネットワークショッピングの例でいえば，ショッピングのウェブサイトに暗号化の鍵を載せておけばよい．この鍵を用いれば，誰でもネットワークショッピングにおいて暗号を用いることが可能である．ただし，暗号を解読することは誰にもできない．復号用の鍵は公開されていないからである．復号できるのは，ショッピングサイトを運営するお店だけであり，顧客からの情報の秘密を保つことが可能である．

非対称鍵暗号系の例として **RSA** がある．RSA は，大きな整数の素因数分解が困難であるという性質を利用した非対称鍵暗号系である．RSA はさまざまな暗号システムに組み込まれて用いられている．非対称鍵暗号系は暗号の処理にかかる手間が大きいため，非対称鍵暗号系だけで通信を行おうとすると処理に時間がかかってしまう．そこで，非対称鍵暗号系は対称鍵暗号系と組合せて用いられる場合が多い．この場合，対称鍵暗号系の鍵を非対称鍵暗号系を用いて送信し，その後は対称鍵暗号系を用いて通信を行う．この方法をハイブリッド暗号とよぶ．

図 6.7 に示すように，非対称鍵暗号系を用いると，電子的な署名を実現することもできる場合がある．非対称鍵暗号系には，暗号化と復号の鍵を逆に使え

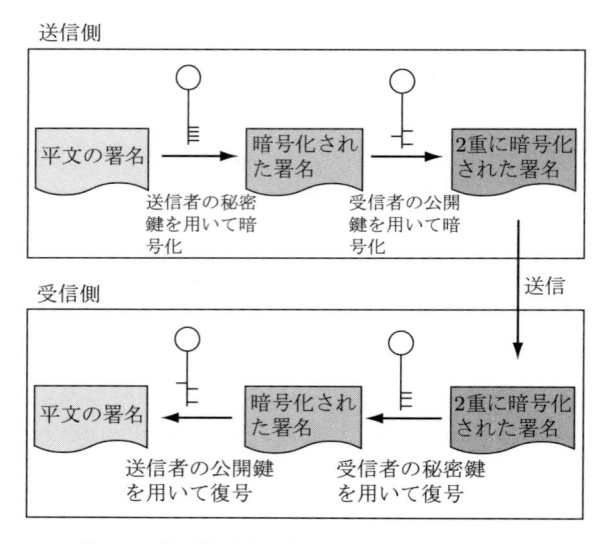

図 6.7 非対称鍵暗号系を用いた電子署名の実現

るものがある．つまり，復号の鍵を使って暗号化し，暗号化用の鍵で復号を行うことができる非対称鍵暗号系が存在する．RSAはその一例である．こうした非対称鍵暗号系では，署名のメッセージを自分の秘密鍵で暗号化すると，本人以外には作成できない暗号文を作成することができる．受け取った側では，公開鍵を使って復号することで，署名の内容を確かめることができる．このままでは，暗号化した署名をそのまま盗まれてしまうので，実際には暗号化した署名を相手の公開鍵でさらに暗号化して相手に送る．そうすれば，送信者本人自身が暗号化の作業を行ったことを受取人に保証することができる．また，暗号文を送る途中で内容が改ざんされていないことの保証にもなる．

電子署名の技術は，ネットワークシステムにおいて従来の印鑑に代わる，重要な技術である．鍵の管理など，今後のシステム運用体制の確立が待たれる．

例題6.3 電子署名により確かめることができるのは，相手が公開鍵に対応する秘密鍵をもっているということだけである．これだけで本当に通信相手の認証を行ったことになるのだろうか．

解 実は，ならない．その鍵をもっているのが誰かを証明する仕組みが必要になる．この証明を与える組織を，認証局とよぶ．認証局は，ある公開鍵をもつのが誰であるのかについての管理をし，必要に応じてその証明を発行する組織である．

さらに付け加えるならば，通信相手を認証局が正しく認証したとしても，通信相手が信用できる人間であるという保証を与えるわけではないことにも注意されたい．認証局は，鍵をもつのが誰であるかを証明するに過ぎない．

第6章のまとめ

- **セション層**の目的は，通信セッションの中断や再開といったセッションの管理を行うことである．
- **プレゼンテーション層**の目的は，文字や図形の表現に関するプロトコルを規定することである．
- システムの**セキュリティ**とは，自然災害や人災，あるいはシステムに対する意図的な攻撃などからシステムを守ることである．
- ネットワークシステム運営上の脅威として，**ウイルス**，**ワーム**，なりすましによる**侵入**などの被害が深刻である．

- **ファイアウォール**は，クラッカーやウイルス等による意図的攻撃に対応するための技法である．
- **暗号**は，さまざまなネットワークセキュリティ技術の根幹をなす重要な技術である．

演習問題

6.1 自然災害に対処するためのセキュリティ技術について調べなさい．

6.2 インターネットで用いられるプロトコルは性善説に基づいて設計されているといわれることがある．どのような意味だろうか．

6.3 ウイルスを作成するには，コンピュータシステムやネットワークシステムに対する深い知識と理解が必要であるように思われるが，本当だろうか．

6.4 生体情報を利用した認証技術であるバイオメトリクスは，利用者にとって利用しやすく，かつ強力な認証能力を有するとされる．しかし，思いがけない脆弱性を露呈する場合もある．指紋認証や顔認証における脆弱性について調べなさい．

6.5 暗号技術は，技術革新が繰り返されている分野である．暗号技術について調べなさい．

第7章 アプリケーションシステムのプロトコル

本章では，いくつかのネットワークアプリケーションシステムを取り上げ，そのプロトコルについて解説する．題材として，telnet, ftp, SMTP, HTTPを取り上げる．

7.1 telnet

7.1.1 telnet とは

telnet は，ネットワークを利用した**仮想端末システム**である．ネットワークを経由してサーバコンピュータにログイン（あるいはログオン）し，サーバコンピュータの計算機資源を利用するために用いる汎用クライアントプログラムである．つまり，図 7.1 にあるように，telnet クライアントはネットワーク経由で telnet サーバに接続し，クライアント側が端末として機能することでサーバコンピュータの計算機資源を利用する．

telnet は端末機能を提供するプロトコルであるが，仮想端末を実現するため

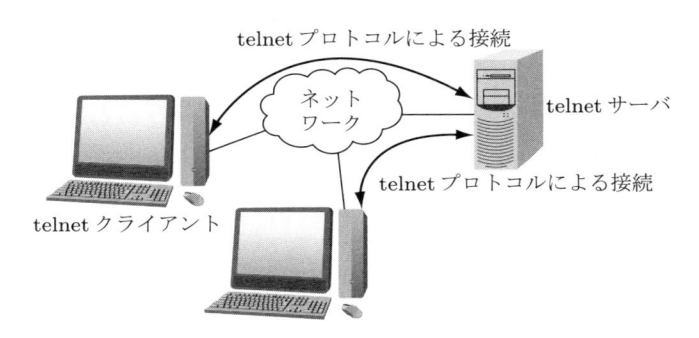

図 7.1　telnet プロトコルによるサーバコンピュータシステムの利用

に用いるだけでなく，他のさまざまなアプリケーションプロトコルに対して基本的な通信機能を提供する役割も果たしている．たとえば，後述の ftp, SMTP, HTTP では，いずれも telnet プロトコルを通信の基盤として用いている（図 7.2）．このため，telnet クライアントプログラムを用いて SMTP によるメール配信を手動で行うといったことが可能である．

telnet プロトコルは，telnet サーバと telnet クライアントプログラム間の通信手順を定めたプロトコルである．基本的に telnet は汎用クライアントであり，サーバのオペレーティングシステムには依存しない．逆にいうと，オペレーティングシステムへの依存度を低く抑えるために telnet プロトコルではさまざまな工夫をこらしている．単なる端末処理を実現するためだけなのに，telnet プロトコルでは複雑な処理を規定しており，結果として telnet クライアントプログラムはかなり複雑になっている．ここではプロトコルの基本的な部分のみを扱うことにする．

メール配信プロトコル(SMTP)	メール配信プロトコル(SMTP)
telnet プロトコル	telnet プロトコル
下位層のプロトコル	下位層のプロトコル

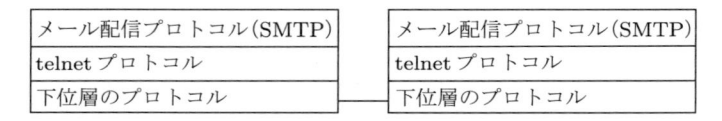

図 7.2 通信の基盤としての telnet プロトコル
（SMTP は telnet を下位プロトコルとして用いる）

7.1.2　telnet プロトコルの概要

telnet による仮想端末を用いた作業の様子を示した図 7.3 は，WindowsXP 付属の telnet クライアントプログラムを，abcde.morikita.co.jp（架空のドメイン名）という UNIX（Linux）システムに対して接続した場合の例である．

図 7.3 では，telnet クライアントプログラムを MS-DOS のコマンドプロンプトから起動している．コマンド名はプロトコル名と同じ telnet である．起動時のプログラム引数として，接続先サーバの DNS 名を与える．また，オプションとして接続先のポート番号，もしくはポート名を与えることもできる．オプションを省略すると，接続先のポート番号は telnet のウェルノウンポート番号である 23 番を用いる．ポートを指定するには，たとえば，図 7.4 のようにすればよい．

telnet クライアントプログラムがサーバの 23 番ポートと接続すると，サーバからのログインメッセージが表示される．その後は，ログイン名やパスワー

```
C:¥>telnet abcde.morikita.co.jp
Welcome to Linux 2.6.36.

abcde login: odaka
Password:
Linux 2.6.36.
Last login: Wed Nov 13 14:27:45 on tty1.
No mail.

odaka@abcde#
```

図 7.3 telnet クライアントプログラムによる telnet サーバへの接続

```
C:¥>telnet abcde.morikita.co.jp 21
```

(a) ポート番号で指定する場合 (21 番ポート)

```
C:¥>telnet abcde.morikita.co.jp ftp
```

(b) ポートの名称で指定する場合 (ftp ポート)

図 7.4 telnet (23 番) ポート以外を指定してサーバに接続する場合

ド等を入力することにより，サーバの端末として動作する．もし telnet 以外のポートに接続したのなら，接続したポートに対応するアプリケーションプログラムからのメッセージが表示される．

telnet プロトコルは，RFC854 番で定義されている．RFC854 によると，telnet はつぎの三つの主たるアイデアから構成されている．

(i) NVT (network virtual terminal) の概念
(ii) ネゴセッションによるオプション設定
(iii) ターミナルとプロセスの対称性

(i) の NVT は，telnet プログラムが作り出す仮想的な端末である．NVT は端末としては基本的な機能のみを有している．NVT ではデータのやりとりは基本的に行単位で行い，カーソル移動などの画面制御機能などは基本機能には含まれない．telnet による通信では，当初クライアントとサーバの双方は NVT の機能のみを仮定して相手と通信する．通信開始後，双方がどのような

端末機能を利用することができるかを互いに確認しあうことによって端末機能のオプションを設定し，より高度な端末機能を利用した通信を行う．(ii)のネゴセッションによるオプション設定とはこのことを意味する．

(iii)のターミナルとプロセスの対照性とは，ネゴセッションを行う際にはターミナル（クライアント）側とサーバ（プロセス）側の区別なく，どちらからでも実行可能であることを示している．

telnetプロトコルによる接続手順を図7.5に示す．先のプログラム実行例では簡単に接続が確立したようにみえたが，実際には接続までにはクライアントサーバ間で複雑な対話を自動的に実行している．

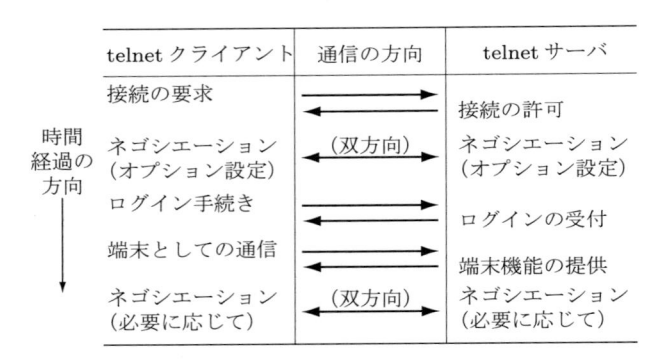

telnetクライアント	通信の方向	telnetサーバ
接続の要求	→	
	←	接続の許可
ネゴシエーション(オプション設定)	(双方向)	ネゴシエーション(オプション設定)
ログイン手続き	→	
	←	ログインの受付
端末としての通信	→	
	←	端末機能の提供
ネゴシエーション(必要に応じて)	(双方向)	ネゴシエーション(必要に応じて)

（時間経過の方向 ↓）

図 7.5 telnetプロトコルによる接続手順

図7.5にあるように，telnetプロトコルのセッションはクライアント側からの接続要求によって開始する．サーバ側が接続を許可すると，ネゴセッションが開始される．ネゴセッションによって利用できる通信機能の調整が終わると，実際の通信をはじめることができるようになる．

ネゴセッションの過程では，クライアントまたはサーバが相手に対して端末機能として使いたい機能を提案し，その提案を相手側が受け入れるかどうか返答するという形式で，両者の間の調停が進む．ネゴセッションは，1バイトのコード255を相手側に送信することで開始する．コード255はtelnetプロトコルではIAC (interpret as command) とよび，続く2バイトのコードとともに合計3バイトで相手に対する機能提案を構成する．IACに続くコードは，WILL，WON'T，DO，およびDON'Tのいずれかである．それぞれ，表7.1に示す意味をもつ．

表 7.1　IAC に続くコードの意味

名　称	コード	コードの意味
WILL	251	あるオプションの使用を提案する.
WON'T	252	あるオプションを使わないことを提案する.
DO	253	相手方があるオプションを利用するよう提案する.
DON'T	254	相手方があるオプションを利用しないよう提案する.

telnet のネゴセッションでは，WILL または WON'T によって，自分があるオプションを利用したいという希望を表現する．これに対して相手方は，DO または DON'T により返答することで，オプションの利用に同意あるいは不同意であることを返答する．

7.1.3　telnet の問題点

telnet はネットワークの歴史の初期から存在するプロトコルであり，有用ではあるが,現在のインターネットの状況にそぐわない点もある．とくに,セキュリティ上の問題点は深刻である．

telnet プロトコルでは，通信の内容は TCP のセグメントのデータ部にそのまま格納される．つまり,通信路を流れるセグメントを第三者に盗聴されると，セグメント内のデータをすべて読み取られてしまう．ここでいうデータとはセッション全体を意味し，たとえば，通信に先立ってクライアントがサーバに送るパスワードも含まれる．パスワードを読み取られてしまうと，サーバを不正に利用されてしまう．これを防ぐためには，通信内容を**暗号化**する必要がある．

telnet の通信内容を暗号化してセキュリティを向上させることを狙ったプロトコルに，ssh がある．ssh では，秘密鍵と公開鍵を組合せた暗号系を用いて，通信内容を暗号化する．ssh を使って telnet 通信を行えば，安全に通信することができる．ssh を用いる telnet クライアントには，TTSSH（Windows）やslogin（UNIX）などがある．インターネットを経由する場合など通信経路上の秘密が保持できない場合に telnet を用いる際には，こうした ssh クライアントを用いるべきである．

7.2 ftp

7.2.1 ftpとは

ftp（file transfer protocol）は，**ファイル転送**を目的としたプロトコルである．telnetの場合と同様に，ftpではファイル転送を行う際に特定のオペレーティングシステムを前提としない．このため，ネットワークで相互接続された異機種間でのファイル転送に用いることが可能である．たとえば，Windowsの稼動するクライアントコンピュータで作成したWebページのデータを，WWWサーバの稼動するUNIX系オペレーティングシステムの稼動するサーバコンピュータに転送する場合などに用いられる（図7.6）．

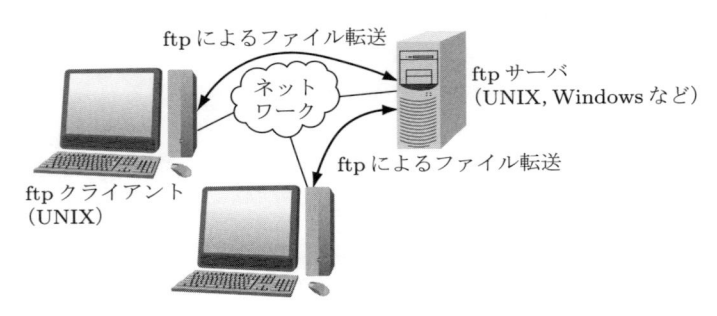

図 7.6 ftpによるファイル転送

ftpもtelnet同様，さまざまなクライアントプログラムが公開されている．図7.7は，Windowsに付属するftpクライアントプログラムを用いてUNIX系オペレーティングシステムの稼動するコンピュータへファイルを転送する際の手順を表している．図中，下線で示した部分がユーザの入力したデータである．

図7.7で，ftpクライアントプログラムのプログラム名はftpである．引数として，接続先コンピュータのDNS名（またはIPアドレス）を与える．図では，接続先のコンピュータはfs.fukui-u.ac.jpである（この名前も架空の名前である）．接続が確立すると，接続先コンピュータを利用するための権限を確認するために，ユーザ名とパスワードを確認してくる．ユーザ名はodakaで，パスワードは秘密保持のため表示されないので，ここでは，空白の下線を示すことで入力があったことを示している．これらを入力して認証を受けた後，ファ

```
C:¥>ftp fs.fukui-u.ac.jp
Connected to fs.fukui-u.ac.jp.
220 fs.fukui-u.ac.jp FTP server (Version 6.00LS) ready.
User (fs.fukui-u.ac.jp:(none)): odaka
331 Password required for odaka.
Password:_____
230 User odaka logged in.
ftp> dir
200 PORT command successful.
150 Opening ASCII mode data connection for '/bin/ls'.
total 28
-rw-r--r--   1 odaka    ch       290 May 21  2002 .cshrc
drwxr-xr-x   2 odaka    ch       512 Dec 10 12:10 temp
drwxr-xr-x   3 odaka    ch       512 Jan 23  2003 winXP
226 Transfer complete.
ftp: 232 bytes received in 0.02 Seconds 10.56Kbytes/sec.
ftp> cd temp
250 CWD command successful.
ftp> ascii
200 Type set to A.
ftp> put test.txt
200 PORT command successful.
150 Opening ASCII mode data connection for 'test.txt'.
226 Transfer complete.
ftp: 22 bytes sent in 0.01Seconds 2.20Kbytes/sec.
ftp> bye
221 Goodbye.

C:¥>
```

図 7.7　ftp によるファイル転送手順の例

イル転送に必要なコマンドを適宜入力することで作業を進める．表 7.2 に，ftp クライアントプログラムで用いることのできるコマンドの例を示す．

　上記の例では，dir コマンドでディレクトリ内のファイルやディレクトリを確認し，cd コマンドで temp ディレクトリに移動している．続いて ascii コマンドを使ってテキスト転送モードを選択した上で，test.txt という名称のファイルをサーバに送り込んでいる．最後は bye コマンドでセッションを終了している．

表 7.2 ftp クライアントプログラムで用いることのできるコマンドの例

コマンド	機能	使用例
ls	ファイルの一覧表示（ファイル名のみ）	ls
dir	ファイルの一覧表示（詳細情報）	dir
cd	作業対象ディレクトリの変更	cd sub dir
lcd	クライアント側作業ディレクトリの変更	lcd csub dir
ascii	テキスト転送モードの選択	ascii
binary	バイナリ転送モードの選択	binary
get	サーバ上ファイルの取得	get file1
mget	複数のサーバ上ファイルの取得	mget*.txt
put	サーバへのクライアント上のファイルの転送	put file1.txt
mput	複数ファイルのサーバへの転送	mput*.*
bye	接続のクローズと ftp セッションの終了	bye
quit	ftp セッションの終了（bye と同じ）	quit
!	一時的なシェルの利用	!

7.2.2 ftp によるファイル転送手順

ftp のプロトコルは，RFC959 で規定されている．ftp では，TCP によるコネクションを 2 本利用することでファイル転送を実現している．これは，telnet や後述する SMTP や HTTP などが，1 本の TCP コネクションのみを用いることと対照的である．

ftp で用いるコネクションは，**制御コネクション**と**データコネクション**の二つである．ftp サーバ側では，制御コネクションに 21 番，データコネクションに 20 番のポートを用いる．

ftp セッションの開始時には，ftp クライアントは ftp サーバの 21 番ポートに対して接続を要求する（図 7.8）．ftp サーバ側が接続を受け付けると，ユーザ名とパスワードによる認証を行う．認証が完了すると，ftp サーバはファイル転送等のコマンドを処理する状態に移行する．

ftp セッションが進み，ファイルなどの転送を行う段階になると，クライアントとサーバの間でデータコネクションを作成する．この場合，データ転送はサーバ側からクライアント側に向かって実行される．そこで，サーバ側がクライアント側のポートに対して接続する必要がある．しかし，クライアント側のポートは短命ポートなので，ポート番号を事前に知ることはできない．このために，クライアントはデータコネクション用のポートを作成した後，そのポート番号を制御コネクションを利用してサーバ側に通知する．サーバは，クライアントから教えられたポートに対して接続し，ファイルなどのデータを転送す

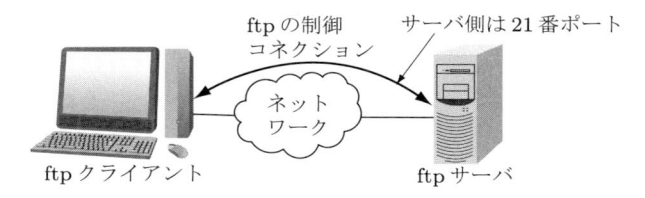

図 7.8 ftp セッションの開始（21 番ポートに対する接続要求）

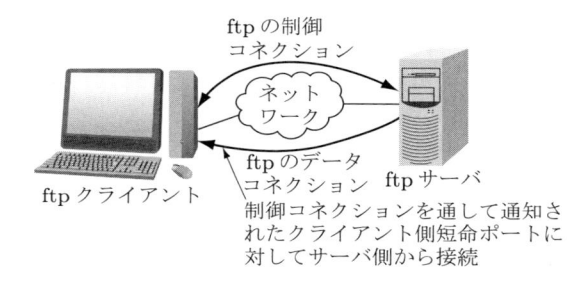

図 7.9 ftp のデータコネクション

る（図 7.9）．

以上のような処理を行うために，ftp のプロトコルではクライアントがサーバに処理を要求するためのコマンドが規定されている．表 7.3 に ftp のコマンドを示す．このコマンドは，ftp クライアントプログラムが実装するものとは異なり，ftp クライアントプログラムがネットワーク経由でサーバに対して送るためのコマンドである．

これらのコマンドが実際どのように使われているかは，ftp をデバッグモー

表 7.3 ftp のコマンド（抜粋）

コマンド	コマンドの意味
CWD	サーバ上の作業ディレクトリの変更
USER	サーバへのユーザ名の通知
PASS	サーバへのパスワードの通知
TYPE	データの型の指定
PORT	データコネクション用ポート番号の通知（IP アドレスとポート番号を，コンマで区切って表記する）
RETR	サーバからクライアントへのファイルの転送
STOR	クライアントからサーバへのファイルの転送
LIST	ディレクトリ内のファイル情報の表示
NLST	ディレクトリ内のファイル名の表示
QUIT	セッションの終了

ドで動作させると調べることができる．図 7.10 に，Windows 付属の ftp クライアントをデバッグモードで動作させた例を示す．図 7.10 において，「--->」という矢印で示された行が，クライアントからサーバに送られた実際のコマンドを表している．

図中，たとえばユーザがファイルの様子を調べるために「dir」とコマンド

```
c:¥>ftp -d fs.fukui-u.ac.jp
Connected to fs.fukui-u.ac.jp.
220 fs.fukui-u.ac.jp FTP server (Version 6.00LS) ready.
User (fs.fukui-u.ac.jp:(none)): odaka
---> USER odaka
331 Password required for odaka.
Password:
---> PASS XXXXXXXX
230 User odaka logged in.
ftp> dir
---> PORT 192, 168, 1, 90, 4, 201
200 PORT command successful.
---> LIST
150 Opening ASCII mode data connection for '/bin/ls'.
total 208
rw-------   1 odaka    chess       67591 Dec  9  2003 mbox
drwxr-xr-x  2 odaka    chess         512 Dec 11 16:50 temp
drwxr-xr-x  3 odaka    chess         512 Jan 23  2003 winXP
226 Transfer complete.
ftp: 2323 bytes received in 0.17Seconds 13.66Kbytes/sec.
ftp> get mbox
---> PORT 192, 168, 1, 90, 4, 202
200 PORT command successful.
---> RETR mbox
150 Opening ASCII mode data connection for 'mbox' (67591 bytes).
226 Transfer complete.
ftp: 68744 bytes received in 0.03Seconds 2217.55Kbytes/sec.
ftp> bye
---> QUIT
221 Goodbye.

c:¥>
```

図 7.10 Windows 付属の ftp クライアントをデバッグモードで動作させた例

を投入した部分では，ftp クライアントプログラムは PORT コマンドを使ってクライアント側が使用する短命ポート番号をサーバに通知してから，LIST コマンドを使ってサーバからファイル情報を取得している．PORT コマンドでは引数として，クライアント側の IP アドレスである 192.168.1.90（192.168.1.90 の部分）および，16 ビットのポート番号を 2 組の 10 進数で表現した値（4, 201 の部分）をサーバに送ることで，IP アドレスとポート番号をサーバに通知している．この場合のポート番号は，上位 8 ビットが 4，下位 8 ビットが 201 であるから，実際の値は下記の計算により 1225 番であることがわかる．

$$4 \times 256 + 201 = 1225$$

例題 7.1 ftp は 2 本のコネクションを用いたり複雑なコマンド体系を用意するなど，UNIX 系オペレーティングシステムや Windows など比較的類似したファイル管理方法を採用するオペレーティングシステム間でのファイル転送プロトコルとしてはあまりにも複雑で冗長であるように思われる．なぜこのような複雑なプロトコルが必要なのだろうか．

解 ftp は，オペレーティングシステムのファイル管理方法に関係なく，さまざまな種類のコンピュータ間でファイルを転送するためのプロトコルである．したがって，その対象には，UNIX 系オペレーティングシステムや Windows だけでなく，独自のファイルシステムを採用する大型計算機なども含まれる．このことからファイルシステムについて前提とすることのできる条件が限られるので，ftp のアプリケーション側で複雑な処理を規定する必要があるのである．

7.3　SMTP

7.3.1　インターネットメールシステム

SMTP（simple mail transfer protocol）は，インターネットで利用されている**電子メール交換プロトコル**である．図 7.11 に，インターネットメールシステムの構成を示す．

図にあるように，インターネットメールシステムは，**MTA**（mail transfer agent：メールサーバのソフトウェア）と **MUA**（mail user agent：メールクライアントのソフトウェア）で構成される．MUA は利用者がメールを読み書きする際に用いるソフトウェアであり，いわゆるメールソフトである．これに

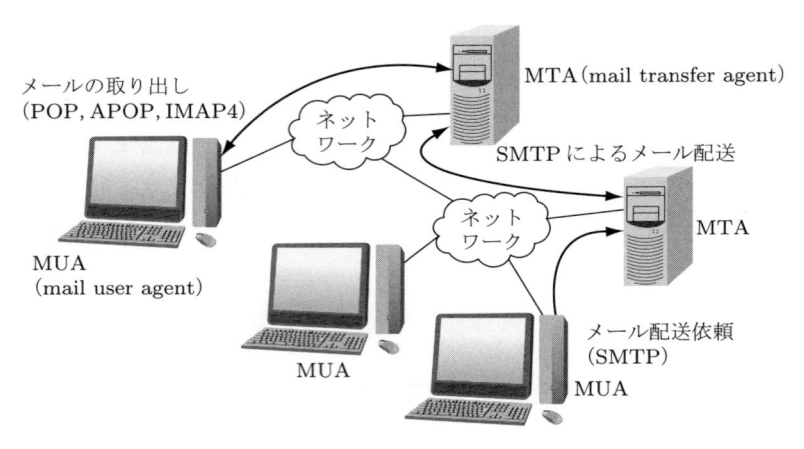

図 7.11 インターネットメールシステム

対して MTA は，MUA からのメールデータを受け取って宛先となる MTA に対して送信したり，逆に他の MTA から送られてきたメールデータをいったん保存し，MUA からのリクエストに応じてメールデータを配信する．

MUA の実装例としては，たとえば Windows 上で動作する Microsoft 社の Outlook や，UNIX 系システムで用いられる mail コマンドなどがある．また MTA の実装例としては，sendmail や qmail，IIS などがある．

なお SMTP は，MTA どうしがメールを交換するときや，MUA から MTA に対してメールを送るときに用いられる．これに対して，MUA が MTA からメールを取り出す際には，後述する POP や IMAP4 などのプロトコルが用いられる．

7.3.2 SMTP のしくみ

SMTP による通信の手順を図 7.12 に示す．図にあるように，SMTP ではいくつかのコマンドを用いて送信側と受信側の MTA が対話を進めることでメールデータを交換する．表 7.4 に，SMTP で用いるコマンドの例を示す．

SMTP はその通信において，telnet の通信手順を用いるため，SMTP による通信を telnet クライアントソフトウェアを用いて実行することが可能である．

図 7.13 に，telnet を用いて SMTP サーバと通信を行う例を示す．図では，Windows2000 の telnet クライアントを用いて，SMTP サーバと通信を行っ

7.3 SMTP

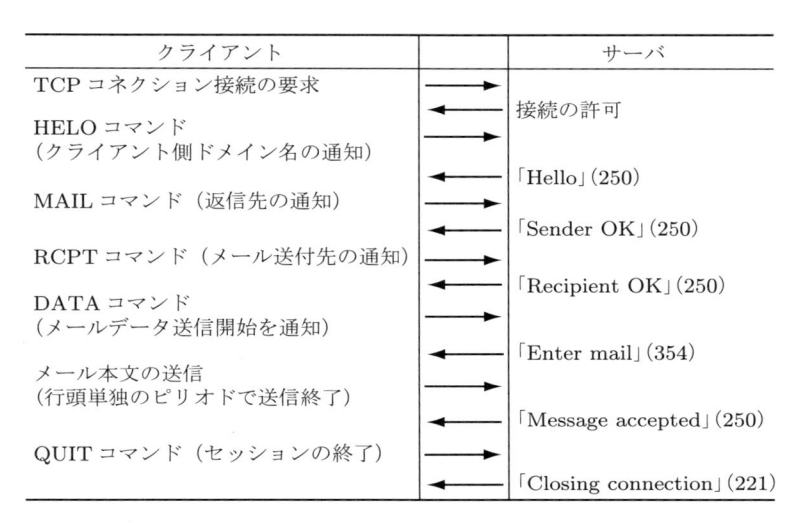

```
クライアント                              サーバ
TCP コネクション接続の要求    ──→
                              ←──  接続の許可
HELO コマンド                 ──→
（クライアント側ドメイン名の通知）
                              ←──  「Hello」(250)
MAIL コマンド（返信先の通知）  ──→
                              ←──  「Sender OK」(250)
RCPT コマンド（メール送付先の通知）──→
                              ←──  「Recipient OK」(250)
DATA コマンド                 ──→
（メールデータ送信開始を通知）
                              ←──  「Enter mail」(354)
メール本文の送信              ──→
（行頭単独のピリオドで送信終了）
                              ←──  「Message accepted」(250)
QUIT コマンド（セッションの終了）──→
                              ←──  「Closing connection」(221)
```

図 7.12 SMTP における通信の手順

表 7.4 SMTP で用いる主要コマンド

コマンドの形式	説　明
HELO＜ドメイン名＞	送信側コンピュータのドメイン名を受信側に伝える．
MAIL FROM：＜返信先＞	返信先を相手に通知することによるメール送信の初期化．
RCPT TO：＜メール受信者＞	メール受信者の指定．
DATA	メールデータの送信開始の通知．
QUIT	SMTP セッションの終了．

ている．図中，下線部はユーザの入力である．

　SMTP による通信では，サーバ側からクライアント側へのエコーバックは行わない．つまり，クライアント側の送った文字列をサーバ側が送り返してくることはない．UNIX サーバの端末として動作する通常の telnet セッションでは，クライアント側はサーバ側の送り返してくる文字列を画面に表示することで，クライアント側で入力した文字列を画面に表示する．しかし，SMTP サーバとの通信ではエコーバックを行わないため，クライアント側の機能を用いて画面表示を行わなければならない．図 7.13 の例でも，通信に先立ち，telnet のコマンドモードにおいて，set コマンドを用いてローカルエコーモードをセットしている．

　さて，SMTP による通信手順を図 7.13 の例に沿ってみてみよう．図では，

```
C:\>telnet
Microsoft Telnet> set LOCAL_ECHO
Microsoft Telnet> open ms.fukui-u.ac.jp 25
220 ms.fukui-u.ac.jp ESMTP Sendmail 8.10.2+Sun/3.7W; Thu, 19
Dec 2002 13:40:08 +0900 (JST)
HELO mc.fukui-u.ac.jp
250 ms.fukui-u.ac.jp Hello mc.fukui-u.ac.jp [192.168.1.90],
pleased to meet you
MAIL FROM:odaka@mc.fukui-u.ac.jp
250 2.1.0 odaka@mc.fukui-u.ac.jp... Sender ok
RCPT TO:odaka@ms.fukui-u.ac.jp
250 2.1.5 odaka... Recipient ok
DATA
354 Please start mail input.
Hello! This is a test mail.
.
250 Mail queued for delivery.
QUIT
221 Closing connection. Good bye.
```

図 7.13 telnet を用いた SMTP サーバとの通信例

接続先サーバのアドレスを指定して TCP コネクションを設定した後，telnet クライアントから SMTP サーバに対して HELO コマンドを送信している．HELO コマンドは，送信側コンピュータのドメイン名を受信側に伝える役割がある．HELO コマンドに対して，SMTP サーバ側から 250 というコードに続いて，通信を開始する旨のメッセージが送り返されている．250 は，要求されたメール処理が完了したことを示すコードである．SMTP サーバから返されるコードの例を表 7.5 に示す．表にあるように，返答コードはすべて 3 桁の数値であり，それぞれに特定の意味が割り当てられている．

表 7.5 SMTP サーバの返すコードの例

返答コード	意味
220	サービスレディ（準備完了）．
221	コネクションの終了．
250	要求された動作が完了した．
354	メール入力の開始．
500	構文エラー．
501	パラメタや引数の構文エラー．
551	利用者がサーバの稼動するコンピュータ上に存在しない．

7.3 SMTP   115

メール送信側（telnetクライアント側）では，HELOコマンドに続いてMAILコマンドを用いてメールの返信先をサーバに通知している．これに対してSMTPサーバは，やはり250というコードに続くメッセージを返している．

つぎは，RCPTコマンドによるメール受信者の指定を行っている．これに対しても，250コマンドに続いて，受信者が存在するというメッセージが返される．以上の操作で，メール送信の準備が完了する．

メールの本体を送るのが，つぎのDATAコマンドの役割である．DATAコマンドに続いて送られた文字はメールデータであると解釈される．データは可変長であり，先頭に単独のピリオドが送られてくるまで連続すると解釈される．図7.13では，1行のメール本文が送られた後，行頭のピリオドによって送信が終了している．最後はQUITコマンドを送信することにより，SMTPセッションを終了している．

例題7.2 MTAいわゆるメールサーバは，クライアントから送られてきたメールの送信を代行したり，他のMTAから送られてきたメールをユーザに代わって保存しておくという機能を有する．だが，メールサーバはインターネットメールシステムにとって必須なのだろうか

解 メールサーバは自組織内外に存在する相手の都合に従って動作しなければならない．このため，原則としてメールサーバは24時間365日連続運用を続ける必要がある．個人利用のパーソナルコンピュータを連続運用するのは困難であるから，一般にはメールサーバを連続運用し，パーソナルコンピュータは使うときだけ電源を入れて使用する形態となる．

しかしながら，パーソナルコンピュータを連続運用してはいけないという理由もない．連続運用が可能であれば，メールサーバが必須というわけでもなく，パーソナルコンピュータがメールサーバの役割を担うことも可能である．

7.3.3 POP, APOP, IMAP4

SMTPは**メール送信**に用いるためのプロトコルである．これに対して，**POP**や**APOP**, **IMAP4**などのプロトコルは，MUAがSMTPサーバから**メールを取り出す**のに用いるプロトコルである．

現在広く用いられるPOPはバージョン3の**POP3**（post office protocol

```
Microsoft Telnet> open ms.fukui-u.ac.jp 110
+OK Qpopper (version 6.0.5) at ms.fukui-u.ac.jp starting.
 <74322.1135283109@ms.fukui-u.ac.jp>
USER odaka
+OK Password required for odaka.
PASS XXXXXXXX
+OK odaka has 1 visible message (0 hidden) in 840 octets.
LIST
+OK 1 visible messages (840 octets)
1 840
.
RETR 1
+OK 840 octets
Return-Path: <odaka@ms.fukui-u.ac.jp>
X-Original-To: odaka@ms.fukui-u.ac.jp
Delivered-To: odaka@ms.fukui-u.ac.jp
Received: from mc.fukui-u.ac.jp (b.fukui-u.ac.jp [192.168.11.1])
        by ms.fukui-u.ac.jp (Postfix) with ESMTP id 73E9E2B0F2
        for <odaka@ms.fukui-u.ac.jp>; Mon, 28 Feb 2005 18:33:07 +0900 (JST)
Message-ID: <4699E549.7131704@ms.fukui-u.ac.jp>
Date: Mon, 28 Feb 2005 18:32:57 +0900
From: Tomohiro Odaka <odaka@ms.fukui-u.ac.jp>
User-Agent: Mozilla/5.0 (Windows; U; Windows NT 5.1; ja-JP; rv:1.4)
Gecko/22435624 Netscape/7.1 (ax)
X-Accept-Language: ja
MIME-Version: 1.0
To: odaka <odaka@ms.fukui-u.ac.jp>
Subject: test
Content-Type: text/plain; charset=us-ascii
Content-Transfer-Encoding: 7bit

This is a test mail.


.
DELE 1
+OK Message 1 has been deleted.
QUIT
+OK Pop server at ms.fukui-u.ac.jp signing off.
```

図7.14　POPによるメールデータの取得

version 3）である．POP3 では，図 7.14 に示すような手順でメールデータを POP サーバから取り出す．図は，telnet クライアントを用いて POP サーバと通信を行った例である．図に出現する POP コマンドを表 7.6 に示す．

表 7.6 POP3 のコマンド（代表例）

コマンド	説　明
USER	AUTHORIZATION において，ユーザ名をサーバに通知する．
PASS	AUTHORIZATION においてパスワードをサーバに通知する．
LIST	メール件数や，各メールに関する情報を要求する．または，メールの番号を引数として与えることで，そのメールに関する情報を要求する．
RETR	メールを取り出す．
DELE	該当メールに削除のマークを付ける．
QUIT	TRANSACTION 状態を終了し，UPDATE 状態に入る．

POP のセッションは，三つの異なる状態から構成されている．それぞれ，AUTHORIZATION（認証），TRANSACTION（トランザクション），および UPDATE（更新）の三状態である．

AUTHORIZATION では，ユーザの認証を実施し，その状態は，TCP コネクションが確立した後に始まる．認証は，USER コマンドと PASS コマンドを用いる方法か，APOP コマンドを用いる方法で実施する．図では，USER コマンドと PASS コマンドを用いる方法で認証を実施している．APOP では，ユーザ名とパスワードを暗号化した上で送付する．

AUTHORIZATION が終了すると，**TRANSACTION** 状態に移行する．TRANSACTION では，メールの受信状況を確認したり，メールデータをサーバから取り出すことができる．図では，LIST コマンドを用いて受信メールの一覧を確認したり，RETR コマンドでメールデータを取り出す，あるいは DELE コマンドで削除対象のメールを選択したりしている．DELE コマンドは削除対象を指定するだけで，実際の削除は UPDATE 状態において実行される．TRANSACTION 状態から UPDATE 状態へ移行するには，QUIT コマンドを用いる．図の例でも，QUIT コマンドを投入することで TRANSACTION 状態を終了している．

UPDATE 状態では，削除のマークの付いたメールを削除し，コネクションを終了する．以上で，POP のセッションは終了する．

POP3 のセッションでは，パスワードやユーザ名が平文でネットワーク上を流れるため，セキュリティ上大きな問題を有している．この点を改良したの

が暗号を用いて認証情報を秘匿する機能を有する **APOP** である．POP のもう一つの欠点は，メールの処理をクライアントに大きく依存している点である．POP を用いる環境では，サーバ上の同一のアカウントに対して二つ以上の POP クライアントがメール処理を行うと，ある POP クライアントが行った処理は他の POP クライアントには知らされない．このため，たとえば出先で携帯端末を用いてメールを読み出すと，そのメールデータを他の端末で扱うことができなくなる．また，サーバ上でメールを整理する方法もない．**IMAP4** はこの点を改良して，サーバ上でのメール操作機能を強化している．

7.4　HTTP

7.4.1　HTTP の通信モデル

HTTP（hypertext transfer protocol）は **WWW におけるデータ転送**を規定したプロトコルである．HTTP は ftp や SMTP と異なり，基本的に**コネクションレス**のプロトコルである（図 7.15）．つまり，セッションの全体にわたって TCP コネクションを維持するのではなく，データ転送のつど TCP コネクションを設定しなおす．このため，ftp や SMTP と比較してネットワークやコンピュータに対する負荷が軽い．HTTP は ftp や SMTP と比較して膨大な数のデータ要求を短時間に処理することが可能であるが，これはプロトコルが単純なためである．

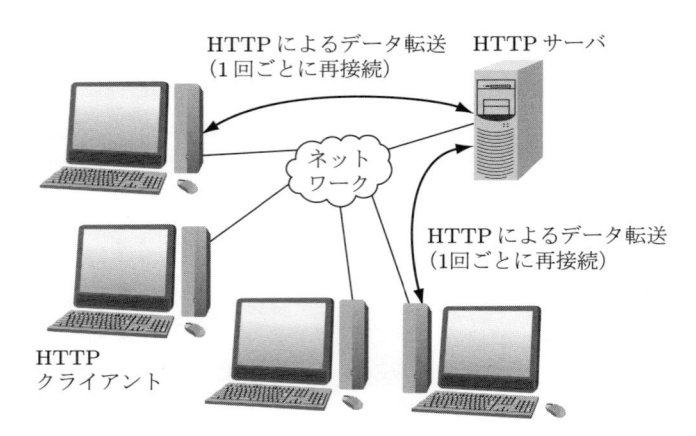

図 7.15　HTTP の通信モデル

7.4 HTTP

　HTTP による通信も telnet クライアントを用いて実施することが可能である．図 7.16 に，telnet クライアントを用いて HTTP サーバと通信を行った場合の例を示す．図中の，下線部が telnet クライアントからの入力である．

　図 7.16 からわかるように，HTTP の通信はいたって単純である．クライアントはサーバに対して TCP コネクションを確立した後，サーバにコマンドを送付する．サーバはコマンドを解釈して，対応するデータを返送する．これで処理が終了し，TCP コネクションは解消される．図の 1 行目で，つぎのようなコマンドをクライアント側からサーバ側に送っている．

```
GET  /   HTTP/1.0   CRLF CRLF
```

ただし，CRLF は改行およびラインフィードのコードであるため，標示される．このコマンドは，HTTP/1.0 プロトコルに基づいて，ファイルを送るように要求している．サーバは，クライアントに対してリクエストに対応する状況とともに要求されたデータを返している．サーバの動作はこのように単純であり，送られたデータを解釈して WWW のデータとして表示するのはクライアントの仕事である．

```
GET / HTTP/1.0

HTTP/1.1 200 OK
Date: Mon, 06 Jan 2005 07:33:08 GMT
Server: Apache/1.3.27 (UNIX) PHP/3.0.18 PHP/4.2.2
mod_perl/1.27 mod_ssl/2.8.11 O
penSSL/0.9.6e
Last-Modified: Thu, 27 Jun 2004 05:26:54 GMT
ETag: "576d-1c6-3d1aa21e"
Accept-Ranges: bytes
Content-Length: 454
Connection: close
Content-Type: text/html

<html>
<head>
<title> ようこそ小高のページへ </title>
（以下出力が続く）
```

図 7.16 HTTP サーバとの通信例

第7章のまとめ

- **telnet** は，ネットワークを利用した**仮想端末**システムであり，他のネットワークアプリケーションシステムの基盤プロトコルとしても用いられている．
- **ftp** は，**ファイル転送**を目的としたプロトコルである．
- **SMTP** は，インターネットで利用されている**電子メール交換**プロトコルである．
- **POP** や **APOP**，**IMAP4** などのプロトコルは，メールクライアントがメールサーバから**メールを取り出**すのに用いるプロトコルである．
- **HTTP** は，**WWW** におけるデータ転送の方法を規定したプロトコルである．

演習問題

7.1 telnet を実装する際，ネゴセッションを正しく実装するのは大変な作業である．なるべく手間をかけずにごく単純な telnet クライアントソフトウェアを作るとしたら，ネゴセッションをどのように設計すればよいのだろうか．

7.2 ftp も telnet 同様，平文でパスワードを流すというセキュリティ上の問題がある．セキュリティを考慮したファイル転送アプリケーションについて調べなさい．

7.3 SMTP や POP3 に基づくインターネット電子メールシステムは，現在のインターネット環境にそぐわない部分がある．この点について考察しなさい．

7.4 WWW システムでは，クライアントとサーバのどちらが複雑なシステムだろうか．

第8章 ネットワークの計測

本章では，ネットワークの計測に用いるためのソフトウェアツールについて説明する．ネットワークツールにはさまざまな種類のものがあるが，ここではWindowsやUNIX系オペレーティングシステムで広く使えるものを中心に紹介する．

8.1 ネットワークの基本動作

8.1.1 ping

pingは，ネットワークの接続状況を確認するのに便利なネットワークツールである．一定量のデータを格納したパケットを送信先コンピュータに対して送付し，その返答を受け取ることで，ネットワークの基本的な機能が利用可能であるかどうかを確認する．これは，**ICMP**を用いることで実現している．pingコマンドはICMPエコーメッセージを相手に送付する（図8.1）．第4章で述べたように，ICMPエコーメッセージは，送付先のネットワーク機器に対してエコー応答メッセージを要求するためのものである．

図8.2にpingの実行例を示す．図では，Windowsのpingクライアントプログラムを用いて，ネットワークサーバに対してpingを実行している．

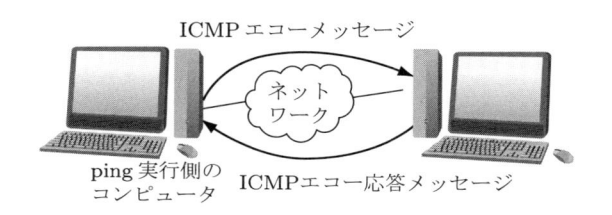

図8.1 pingの動作

```
C:\>ping lh.morikita.co.jp

Pinging lh.morikita.co.jp[192.168.1.1] with 32 bytes of data:

Reply from 192.168.1.1: bytes=32 time=10ms TTL=128
Reply from 192.168.1.1: bytes=32 time<10ms TTL=128
Reply from 192.168.1.1: bytes=32 time<10ms TTL=128
Reply from 192.168.1.1: bytes=32 time<10ms TTL=128

Ping statistics for 192.168.1.1:
    Packets: Sent = 4, Received = 4, Lost = 0 (0% loss),
Approximate round trip times in milli-seconds:
    Minimum = 0ms, Maximum =  10ms, Average =  2ms

C:\>
```

図 8.2 ping の実行例

ping コマンドの基本機能を用いるには，図 8.2 にあるように，パケットを送付するコンピュータのアドレスまたは DNS 名を引数として指定して ping コマンドを起動すればよい．図では，lh.morikita.co.jp という（架空の）名前のコンピュータに対してパケットを送付している．ping コマンドを起動すると，自動的に繰り返しパケットを送付する．パケットを送付する回数は ping コマンドの種類により異なる．

Windows の ping コマンドでは，図のように 4 回パケットを送付し，そのつど経過時間や TTL の値などの統計情報を取得し表示する．この例では，4 回のパケット送出において，最初の 1 回目の経過時間が異なるほかは 4 回ともほぼ同様の結果を得ている．Windows の ping コマンドでは，4 回のパケット送付後，情報を総括して表示する．図には，4 個のパケットを送出し（Packets: Sent = 4），失われたパケットがなかったこと（Lost = 0（0% loss）），平均 2 ミリ秒で返答があったことなどが表示されている．

図 8.2 はネットワークが正しく動作している場合の例であるが，ネットワークに障害がある場合をつぎに示す．図 8.3 は，ネットワークが不通の場合の例である．192.168.1.1 というアドレスを有するコンピュータに対して ping を実行したが，返答を得られなかったことが報告されている．

ping コマンドにはオプションを与えて実行することができる．オプション

```
C:¥>ping 192.168.1.1

Pinging 192.168.1.1 with 32 bytes of data:

Destination host unreachable.
Destination host unreachable.
Destination host unreachable.
Destination host unreachable.

Ping statistics for 192.168.1.1:
    Packets: Sent = 4, Received = 0, Lost = 4 (100% loss),
Approximate round trip times in milli-seconds:
    Minimum = 0ms, Maximum =  0ms, Average =  0ms

C:¥>
```

図 8.3 ping の実行例（ネットワークが不通の場合）

の機能も ping コマンドの実装ごとに異なる．Windows の ping コマンドで利用可能なオプションを表 8.1 に示す．

図 8.4 は，オプションによりパケットのデータサイズを変更した例である．Windows の ping コマンドはデフォルトでは 32 バイトのデータを送るが，図では "-l" オプションを用いてデータサイズを 100 と指定することにより，100 バイトのデータを送っている．

表 8.1 ping コマンドのオプション（Windows の ping コマンド，一部）

オプション	説　明
-t	コントロール C を入力するまで，繰り返しパケットを送付する．
-a	送付先を IP アドレスで指定した場合，IP アドレスに対応する DNS 名を表示する．
-n（回数）	パケットを送付する回数を指定する．
-l（データサイズ）	指定したデータサイズのパケットを送付する．
-f	Don't Fragment フラグをセットしたパケットを送付する．
-i（数値）	TTL の値をセットする．
-j（ホストのリスト）	ルーティングの経路を設定する．
-k（ホストのリスト）	ルーティングの経路を厳密に設定する．
-w（数値）	時間切れの限度時間をミリ秒単位でセットする．

```
c:¥>ping -l 100 lh.morikita.co.jp

Pinging lh.morikita.co.jp[192.168.1.1] with 100 bytes of data:

Reply from 192.168.1.1: bytes=100 time<10ms TTL=64
Reply from 192.168.1.1: bytes=100 time<10ms TTL=64
Reply from 192.168.1.1: bytes=100 time<10ms TTL=64
Reply from 192.168.1.1: bytes=100 time<10ms TTL=64

Ping statistics for 192.168.1.1:
    Packets: Sent = 4, Received = 4, Lost = 0 (0% loss),
Approximate round trip times in milli-seconds:
    Minimum = 0ms, Maximum =  0ms, Average =  0ms

c:¥>
```

図 8.4 データサイズを変更して ping を実行した例

例題 8.1 あるコンピュータを宛先として ping を実施したのに応答がなかった場合，ネットワークシステムのどの部分に問題があると考えられるだろうか．

解 さまざまな問題が考えられる．たとえば，宛先となるコンピュータについては，つぎの三点などが考えられる
  (i) コンピュータが動作していない．
  (ii)（宛先の）コンピュータのネットワーク機能（ハードウェアあるいはソフトウェア）が動作していない．
  (iii) コンピュータが ICMP エコー要求に返答しないよう設定されている．

自分のコンピュータや，自組織のネットワークについても，つぎのようなさまざまな問題点が考えられる．
  (i) 設定不良やハードウェア障害で，自分のコンピュータのネットワーク機能が正常に動作していない．
  (ii) 自分のコンピュータの接続先であるハブや情報コンセントに不具合がある．
  (iii) ルーティングなど，自組織ネットワークの機能に障害がある．

8.1.2 traceroute

tracerouteコマンドは，IPデータグラムの**経路制御**がどのように行われているのかを確認するためのコマンドである．tracerouteコマンドの実行例を図8.5に示す．図に示したものはWindowsに添付されているもので，コマンド名はtracertとなっている．UNIX系オペレーティングシステムでは，コマンド名はtracerouteとなっている場合がほとんどである．

図に示すように，tracerouteコマンドを実行すると，対象とするコンピュータに到達するまでに経由するルータのアドレスや名前が表示される．この例では，二つのルータ（192.168.1.254および192.168.2.254）を経由して，目的のコンピュータであるwww.abc.fukui-u.ac.jpにパケットが到達している．

tracertouteコマンドは，TTLの仕組みを巧妙に利用することにより，経由するルータを調べ出す．第4章で説明したように，TTLはIPデータグラムの寿命を表す数値であり，IPデータグラムがルータを通過するたびに1ずつ減らされる．TTLの値が0となったら，IPデータグラムが棄却され，送信元のコンピュータに対してICMPのTime Exceeded（TTLの値が0となった）メッセージが送り返される．tracertouteコマンドは，このしくみを以下のように利用して，経路上のルータを次々に調べ上げる．

tracertouteコマンドを実行すると，最初にTTLを1にセットしたIPデータグラムが送信される（図8.6(a)）．すると，最初にたどり着くルータでTTLの値が0になり，IPデータグラムが棄却される．このとき，ルータはICMP

```
C:¥>tracert www.abc.fukui-u.ac.jp

Tracing route to www.abc.fukui-u.ac.jp [192.168.5.1]
over a maximum of 30 hops:

  1   <10 ms   <10 ms   <10 ms   192.168.1.254
  2   <10 ms   <10 ms   <10 ms   192.168.2.254
  3   <10 ms   <10 ms   <10 ms   www.abc.fukui-u.ac.jp [192.168.5.1]

Trace complete.

C:¥>
```

図 8.5 tracerouteコマンドの実行例（Windowsのtracertコマンド）

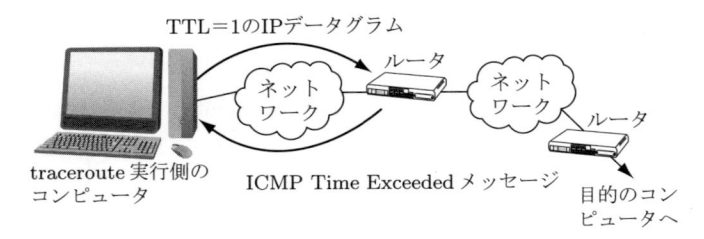

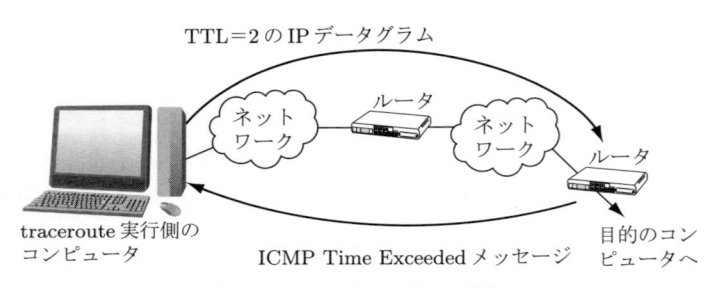

図 8.6 tracertoute コマンドの動作

の Time Exceeded メッセージを送信元に送り返す．この IP データグラムを解析することにより，送信元のコンピュータは最初に経由するルータのアドレスを知ることができる．

tracertoute コマンドはつぎに，TTL を 2 にセットした IP データグラムを送出する．すると図 8.6(b) に示すように，経路上の 2 番目に通過するルータにおいて TTL が 0 となり，このルータが ICMP の Time Exceeded メッセージを送信元に送り返す．

以下，この動作を繰り返すことにより，tracertoute コマンドは経路上のルータを順次リストアップする．

なお，最近では ping や tracertoute などの ICMP の機能を利用したネットワークツールが利用できない場合が増えている．これは，第 4 章で述べたように，セキュリティ上の配慮に基づいて，ルータが ICMP の処理を行わない場合が増えているからである．

8.1.3 パケット解析ツール

ネットワーク上を流れるパケットを取得し，パケット内の情報を解析する

8.1 ネットワークの基本動作 **127**

```
# tcpdump -i fxp0
tcpdump: listening on fxp0
15:25:14.646101      knight.morikita.co.jp.ssh >
momiji.morikita.co.jp.1122: P 2868920501:2868920569(68)
ack 50698527 win 58400 (DF) [tos 0x10]
15:25:14.660014      midgard.morikita.co.jp.1208 >
knight.morikita.co.jp.ssh: P 4024479066:4024479146(80)
ack 87979703 win 57920 <nop,nop,timestamp 92861027
174985963> (DF) [tos 0x10]
```

図 8.7 tcpdump の実行例

ツールが公開されている．**tcpdump** はその代表例である．tcpdump コマンドを用いると，自分宛であるかどうかにかかわらず，ネットワーク上を流れるパケットを取り込んで解析することができる．図 8.7 に，UNIX 系オペレーティングシステム上で稼動する tcpdump コマンドの実行例を示す．図にあるように，ネットワークインタフェース名を引数として与えて tcpdump を実行することで，ネットワーク上を流れるパケットの基本的な情報を取得することができる．図中では，knight.morikita.co.jp という（架空の）名前のコンピュータや，momiji.morikita.co.jp，midgard.morikita.co.jp という（架空の）名前のコンピュータが通信を行っている様子が表示されている．

実行例の 1 行目では，UNIX のコマンドインタプリタであるシェルに対して tcpdump コマンドを投入している．tcpdump コマンドは，普通，root（スーパユーザ）権限で実行する必要がある．tcpdump コマンドが起動されると，どのネットワークインタフェースを監視しているかが表示される．2 行目の「tcpdump：listening on fxp0」というメッセージは，fxp0 という名前のネットワークインタフェースを監視していることを示している．

3，4 行目は実際にはひと続きの情報を表している．3 行目，すなわち 15：25 から始まる行は，knight.morikita.co.jp というコンピュータが momiji.morikita.co.jp というコンピュータに対してパケットを送っていることを示している．また，パケットの出現時刻は 15 時 25 分 14.646101 秒であり，knight.morikita.co.jp の ssh ウェルノウンポートから momiji.morikita.co.jp の 1122 番短命ポートに対してパケットが送られていることがわかる．その他の情報は，TCP セグメントに含まれる，フラグやシーケンス番号，ウィンド

ウサイズなどの情報を示している.

続く5行目は,今度は midgard.morikita.co.jp から knight.morikita.co.jp に対して送られた TCP セグメントに関する情報が表示されている. tcpdump コマンドはこのように,ネットワーク上に現れたパケットに関する情報を表示することができる.また,条件を設定して監視対象とするパケットの種類を限定することも可能である.

tcpdump コマンドはパケット解析に必要な機能は備えているが,ごく基本的なキャラクタインタフェースしかもっていないので,使い勝手がよくない.ネットワークの解析を簡便に行うためには,**ネットワークアナライザ**とよばれるソフトウェアを用いるのが便利である.

図 8.8 は,筆者の開発したネットワークアナライザソフトの実行例である.図では,ネットワーク上を流れるパケットのデータ量をグラフ表示したり,コンピュータ間を流れるパケット量を表示したりするウィンドウが表示されている.

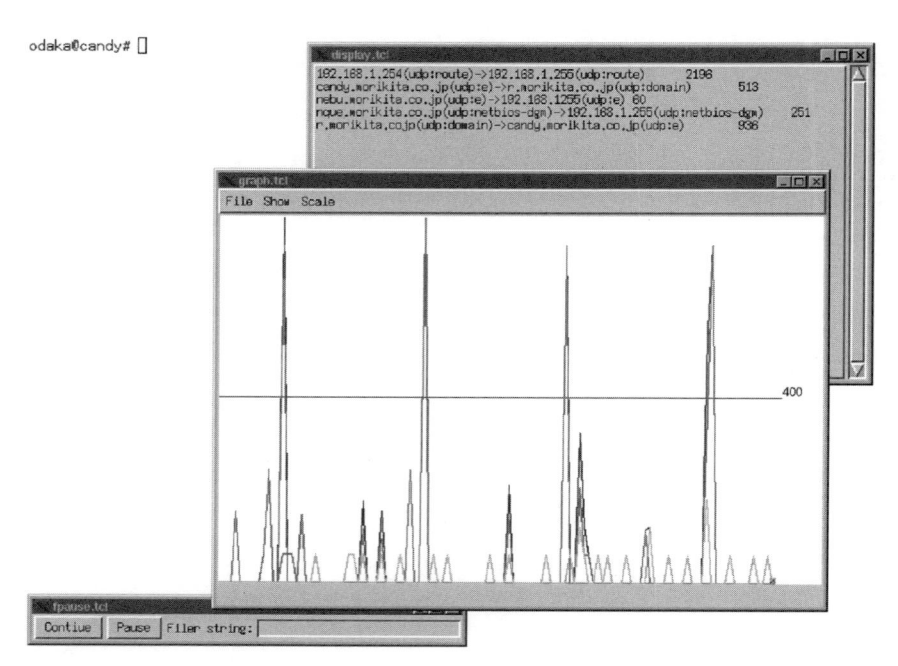

図 8.8 フリーのネットワークアナライザソフトの例(著者らによるもの)

例題8.2	パケット解析ツールは強力なネットワーク解析ツールであるが，パケット解析ツールを使えば，ネットワークの挙動を完全に把握することが可能なのだろうか．

解 パケット解析ツールを使えば，ネットワーク上を流れるすべてのパケットについての情報を得ることができる．しかし，それだけでネットワークに関するすべての情報を得ることができるわけではない．また，パケット解析ツールの出力は一般に膨大であり，見たい情報がどこにあるのかを調べること自体が難しい場合も多い．こうしたことから，パケット解析ツールは特定の目的をもってネットワークの解析を行う場合に有用なネットワークツールであるということができる．

8.1.4 nslookup

nslookup は，DNS の名前と IP アドレスの関係を調べるためのツールである．図 8.9 に，WindowsXP に標準で付属する nslookup の実行例を示す．nslookup コマンドは，いくつかのバージョンの Windows や UNIX 系オペレーティングシステムで利用することができる．

```
C:¥>nslookup
Default Server:  r.morikita.co.jp
Address:  192.168.1.128

> candy
Server:  r.morikita.co.jp
Address:  192.168.1.128

Name:    candy.morikita.co.jp
Address:  192.168.1.95

> 192.168.1.100
Server:  r.morikita.co.jp
Address:  192.168.1.128

Name:    pc.morikita.co.jp
Address:  192.168.1.100

>
```

図 **8.9** nslookup の実行例

nslookup コマンドを引数なしで実行すると，対話的に名前と IP アドレスの関係を調べることができる．nslookup コマンドのプロンプトが表示されている状態で，DNS の名前を入力すると，対応する IP アドレスを求めることができる．たとえば，図 8.9 の例では candy という名前を入力すると，対応する IP アドレス（192.168.1.128）が表示されている．逆に，192.168.1.100 という IP アドレスを入力すると，対応する DNS の名前である pc.morikita.co.jp が得られる．いずれの場合でも，検索対象とした DNS サーバの名前と IP アドレスも同時に表示される．

8.2 ネットワークインタフェースの動作確認

8.2.1 ifconfig

ifconfig はネットワークインタフェースの状態を確認したり，インタフェースの設定を行うためのコマンドである．UNIX 系オペレーティングシステムにおける ifconfig コマンドの実行例を図 8.10 に示す．

図の例では，ifconfig をインタフェースの動作確認を目的として実行している．オペレーティングシステムの種類によって細かな違いはあるが，いずれの場合でも，ネットワークインタフェース名や活動状況，設定値などが，インタフェースの IP アドレスやネットマスクとともに表示される．

図 8.10(b) の Linux の場合を例にとって説明する．Linux の例では，それぞれ lo と eth0 という名前を有する，二つのインタフェースの情報が表示されている．lo はループバックインタフェースという，UNIX システムが必ずもつ仮想的なネットワークインタフェースである．もう一つの eth0 が実際のネットワークインタフェースである．

eth0 についてみてみよう．eth0 という名前で始まる行をみると，eth0 がイーサネット規格のインタフェースであり，Mac アドレスが 01:82:29:3A:29:5B であることがわかる．なお，「Hwaddr」は，ハードウェアアドレス，すなわち Mac アドレスを意味する．つぎの行には，eth0 に割り当てられた IP アドレスである 192.168.100.95 や，ブロードキャストアドレス 192.168.100.255，ネットマスク 255.255.255.0 などが表示されている．続いて，ネットワークインタフェースの状態や，送受信パケット数，衝突の発生数などが表示されている．このように，ifconfig を用いるとネットワークイン

```
(a) Solaris の例
serv:/[1] ifconfig -a
lo0: flags=1000849<UP,LOOPBACK,RUNNING,MULTICAST,IPv4> mtu 8232
index 1
        inet 127.0.0.1 netmask ff000000
ge0: flags=1000843<UP,BROADCAST,RUNNING,MULTICAST,IPv4> mtu 1500
index 2
        inet 192.168.11.1 netmask ffffff00 broadcast  192.168.11.255
serv:/[2]

(b) Linux の例
odaka@ca# ifconfig
lo      Link encap:Local Loopback
        inet addr:127.0.0.1  Bcast:127.255.255.255  Mask:255.0.0.0
        UP BROADCAST LOOPBACK RUNNING  MTU:3584  Metric:1
        RX packets:18 errors:0 dropped:0 overruns:0 frame:0
        TX packets:18 errors:0 dropped:0 overruns:0 carrier:0
        Collisions:0

eth0    Link encap:Ethernet  HWaddr 01:82:29:3A:29:5B
        inet addr:192.168.100.95  Bcast:192.168.100.255
 Mask:255.255.255.0
        UP BROADCAST RUNNING MULTICAST  MTU:1500  Metric:1
        RX packets:63 errors:0 dropped:0 overruns:0 frame:0
        TX packets:37 errors:0 dropped:0 overruns:0 carrier:0
        Collisions:0
        Interrupt:10 Base address:0x300

odaka@ca#

(c) FreeBSD の例
> ifconfig
fxp0: flags=8843<UP,BROADCAST,RUNNING,SIMPLEX,MULTICAST> mtu 1500
        inet 192.168.100.131 netmask 0xffffff00 broadcast
192.168.100.255
        ether 01:22:b3:8f:54:ec
        media: Ethernet autoselect (100baseTX <full-duplex>)
        status: active
lp0: flags=8810<POINTOPOINT,SIMPLEX,MULTICAST> mtu 1500
lo0: flags=8049<UP,LOOPBACK,RUNNING,MULTICAST> mtu 16384
        inet 127.0.0.1 netmask 0xff000000
sl0: flags=c010<POINTOPOINT,LINK2,MULTICAST> mtu 552
>
```

図 8.10　ifconfig の実行例

```
[odaka]# /sbin/ifconfig
eth0    Link encap:Ethernet   HWaddr 01:20:D8:45:91:1E
        inet addr:192.168.11.3 Bcast:192.168.11.255  Mask:255.255.255.0
       （一部表示を省略）
[odaka]# /sbin/ifconfig eth0 netmask 255.255.0.0
[odaka]# /sbin/ifconfig
eth0    Link encap:Ethernet   HWaddr 00:00:F8:05:41:1E
        inet addr:192.168.11.3  Bcast:192.168.11.255  Mask:255.255.0.0
```

図 8.11 ifconfig によるネットワークインタフェース設定の例

```
C:¥>netstat -r

Route Table
===========================================================================
Interface List
0x1 ........................... MS TCP Loopback interface
0x2 ...f8 10 22 3a 21 86 ...... Intel(R) PRO/100 VE Network Connection
- パケット スケジューラ ミニポート
===========================================================================
===========================================================================
Active Routes:
Network           Netmask           Gateway         Interface     Metric
Destination
0.0.0.0           0.0.0.0           192.168.11.1    192.168.11.4  25
127.0.0.0         255.0.0.0         127.0.0.1       127.0.0.1     1
192.168.11.0      255.255.255.0     192.168.11.4    192.168.11.4  25
192.168.11.4      255.255.255.255   127.0.0.1       127.0.0.1     25
192.168.11.255    255.255.255.255   192.168.11.4    192.168.11.4  25
224.0.0.0         240.0.0.0         192.168.11.4    192.168.11.4  25
255.255.255.255   255.255.255.255   192.168.11.4    192.168.11.4  1
Default Gateway:        192.168.11.1
===========================================================================
Persistent Routes:
  None

C:¥>
```

図 8.12 netstat によるルーティングテーブルの表示例

タフェースの動作を確認することが可能である．

インタフェースの設定にも用いる ifconfig の設定例を図 8.11 に示す．図では，IP アドレスのうちのネットワーク部分を示すネットマスクの値を変更している．図中，網掛け部分をみると，変更の前後で値が異なっていることがわかる．つまり，変更前は 255.255.255.0 という値であったものを，コマンドラインからの指示により，255.255.0.0 という値に変更している．iconfig では，ネットマスク以外にも IP アドレスの振りなおしなど，さまざまな操作が可能である．

8.2.2 netstat

netstat は，プロトコルごとの統計情報を表示するためのネットワークツールである．図 8.12 に使用例を示す．図 8.12 は WindowsXP において netstat コマンドに -r オプションを与えることによりルーティングテーブルの内容を表示した実行例である．ルーティングテーブル上の，Network Destination（宛先のネットワークアドレス），Netmask（ネットマスク），Gateway（つぎに中継すべきルータ），Interface（使用するネットワークインタフェース），およびルーティングの際に経路決定の参考とする指標である Metric が表示されている．

ルーティングテーブルの表示だけでなく，netstat コマンドはさまざまな情報収集に用いることができる．表 8.2 に，WindowsXP における netstat コマンドの機能例を示す．また，図 8.13 に e オプションの実行例を示す．

表 8.2 netstat コマンドの機能（一部）

オプション	機能の説明
-a	TCP や UDP のサーバおよびクライアントポートの状態を表示．
-e	イーサネットのフレーム送受信数などの，ネットワークインタフェースに関する情報を表示．
-r	ルーティングテーブルの情報を表示．
-s	プロトコルごと（TCP,UDP,IP,ICMP 等）の送受信パケット数などの統計情報を表示．

```
C:\>netstat -e
Interface Statistics

                          Received           Sent
Bytes                     14838561        2552823
Unicast packets              22267          20493
Non-unicast packets           7068            409
Discards                         0              0
Errors                           0              0
Unknown protocols                0

C:\>
```

図 8.13 netstat -e（ネットワークインタフェースの情報表示）の実行例

第 8 章のまとめ

- **ping** は，ICMP の**エコー要求／エコー応答**を利用して，ネットワークおよびコンピュータが正しく機能しているかどうかを調べるためのネットワーク計測コマンドである．

- **traceroute** コマンドは，IP の TTL を利用して，IP データグラムの**経路制御**がどのように行われているのかを確認するためのコマンドである．

- パケット解析ツールとは，ネットワーク上を流れるパケットを取得しパケット内の情報を解析するツールである．**tcpdump** はパケット解析ツールの代表例である．

- **nslookup** は，DNS の名前と IP アドレスの関係を調べるためのツールである．

- **ifconfig** はネットワークインタフェースの状態を確認したり，インタフェースの設定を行うためのコマンドである．

- **netstat** は，プロトコルごとの統計情報を表示するためのネットワークツールである．

演習問題

8.1 ping にはさまざまな実装がある．UNIX 系オペレーティングシステムで利用可能な ping について調べなさい．

8.2 ネットワークを流れるパケットを解析するために，解析対象となるコンピュータの接続されているのと同一ハブの別ポートに別のコンピュータを接続して，その上で tcpdump を実行した．しかし，パケットを取得することができなかったという．この原因として考えられることを挙げなさい．

8.3 Windows で用いることのできるネットワークインタフェース動作確認ツールについて調べなさい．

第9章 ネットワークプログラミングによるネットワークシステムの構築

本章では，ネットワーク機能を利用するプログラムシステムの構築方法の基礎について述べる．とくに，TCP のポートを介して通信を行う，ソケットとよばれる通信モデルに基づくネットワークプログラミングについて説明する．

9.1　ソケットプログラミング

9.1.1　ソケット，CORBA，Java RMI，MPI

ネットワークシステムを構築するためには，アプリケーションプログラムどうしがネットワーク機能を用いて通信を行わなければならない．この場合，アプリケーションプログラムは，ソフトウェアライブラリを用いる．ソフトウェアライブラリは，ネットワークインタフェースなどのハードウェアシステムを用いるのに必要な機能を提供するシステムソフトウェアである．このソフトウェアライブラリは，オペレーティングシステムとともにコンピュータにあらかじめ用意されているのが普通である．図 9.1 に，ネットワークシステムを構成する要素の階層関係を示す．

ネットワークシステムの構築にあたっては，システム側に用意されたネットワーク機能をどの程度まで用いるのか，また，アプリケーションプログラム側

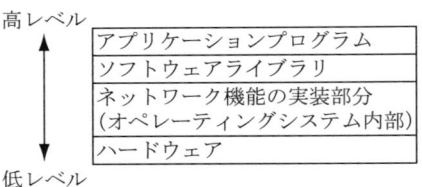

高レベル ↕ 低レベル
アプリケーションプログラム
ソフトウェアライブラリ
ネットワーク機能の実装部分 (オペレーティングシステム内部)
ハードウェア

図 9.1　ネットワークシステムの階層関係（概念図）

でどこまでネットワーク機能を記述するのかを決めなければならない．一般に，システム標準のネットワーク機能を用いれば，アプリケーションプログラムをどのような言語で記述しても，言語システムの違いを考慮することなく，互いに通信が可能である．しかし，システム標準のネットワーク機能は汎用であるかわりに，機能的には最低限である場合が多く，また，効率もよいとはいえない場合がある．表 9.1 には，ネットワーク機能を提供するライブラリの代表例を示す．

表 9.1　ネットワーク機能を提供するライブラリの具体例

名　称	特　徴
ソケット	汎用，基本的なネットワーク機能を提供（低機能）する．具体的な実装例としては，UNIX 系オペレーティングシステムの socket や，Windows 系オペレーティングシステムの Winsock などがある．
MPI	UNIX 系オペレーティングシステムにおける並列プログラミングを目的としたライブラリ．
CORBA	汎用オブジェクト指向並列プログラミングシステム．
Java RMI	Java 言語環境で用いるためのオブジェクト指向並列プログラミングシステム．

　システム標準のネットワーク機能としてもっとも典型的なのは，**ソケット**であろう．ソケットは，TCP/UDP のポートを用いた通信を行うためのしくみである．ソケットを用いると，ファイル入出力などと同様の方法で，ネットワーク入出力を扱うことができる．しかし，ネットワーク機能としては最低限の機能を与えるに過ぎない．

　ソケット以外のネットワーク機能の提供例として，**MPI**（message passing interface）や **CORBA**（common object request broker architecture），**Java RMI**（Java remote method invocation）などの，アプリケーション構築用ライブラリを用いる方法がある．これらは高機能のネットワークライブラリであり，通信効率もよい．しかし，アプリケーションを構築した開発環境や言語処理系に依存するため，一般には同じライブラリを用いたシステム間でしか通信を行うことができない．

　ここでは，基本的なネットワークプログラミング環境を解説することを目的として，ソケットを用いたプログラミングについて紹介することにする．ソケットプログラミングを理解すれば，ネットワークプログラミングの基本を理解することができる．その知識は，より高機能な他のネットワークライブラリを用いる場合にも応用が可能である．

9.1.2 ソケットの概念

ソケットは，TCP/UDPのポートを実装したものであり，**ポート番号**を手がかりとしてプロセスどうしが通信を行うためのしくみである．TCPのソケットとUDPのソケットは，両プロトコルの特性がそのまま反映されている．すなわち，TCPのソケットは信頼性の高い全二重のTCPコネクションを設定するのに用い，UDPのソケットはコネクションレスのUDP通信モデルを実装するのに用いる．以下では，TCPソケットについて扱うことにする．

TCPソケットは大きく二つに分類できる．それぞれ，サーバのソケットとクライアントのソケットである．サーバのソケットは，ネットワークサーバ側に作成されるソケットで，特定のポート番号を監視しつつクライアントからの接続を待ち受けるソケットである．クライアントのソケットは，あるコンピュータの特定のポート（サーバソケット）に対して接続を行うためのソケットである．これらはそれぞれ，第5章で述べたパッシブオープンとアクティブオープンに対応する．

これら二つのソケットは，基本的には同じものである．しかし，設定の方法が異なる．クライアントのソケットは，ソケット作成後にサーバのアドレスをソケットに対して設定し，サーバとのTCPコネクション確立後，サーバとの間でデータをやりとりする．サーバのソケットは，クライアントからの接続を受動的に待ち受けるため，当初はポート番号をセットするだけでよく，クライアントのアドレスを事前に知る必要はない．この状態で，サーバのソケットは接続要求を待ち受ける．クライアントから接続の要求があると，サーバのアドレスなどの情報を用いてTCPコネクションを確立し，これに対してデータの読み書きを実施する．図9.2に，クライアント側ソケットとサーバ側ソケットの動作を示す．

クライアント側ソケット		サーバ側ソケット
ソケット作成		ソケットの作成
		ポート番号の設定
		接続の待ち受け
ソケットへのサーバアドレスの設定とサーバへの接続	→	通信用ソケットの取得
データのやりとり	←→	データのやりとり
コネクションのクローズ		コネクションのクローズ

図9.2 サーバ側のソケット処理とクライアント側のソケット処理

9.2 ネットワークプログラミングの実際

以下では，ソケットを用いたネットワークプログラムの実際を説明する．ソケットの実装はオペレーティングシステムに応じてさまざまな種類があるが，ここでは UNIX 系オペレーティングシステムのソケットを対象とし，例題の記述には C 言語を用いることにする．

本節の例題プログラムをコンパイル・実行するには，Linux や FreeBSD などの UNIX 系オペレーティングシステムの環境を用いるか，Windows 上で UNIX プログラミング環境を実現する Cygwin などを用いればよい．

9.2.1 クライアントにおけるソケット利用の手順

クライアントプログラムでソケットを用いる手順と，対応する関数は表 9.2 のとおりである．

以下，これらの関数について順次説明する．

表 9.2 クライアントにおけるソケット利用手順

手　順	用いる関数
ソケットの作成	socket()
ソケットへのアドレスの設定とサーバへの接続	connect()
データのやりとり	send()，recv()
コネクションのクローズ	close()

（1）ソケットの作成　socket()

ソケットの作成には，つぎのような三つの引数を与えて，socket() を呼び出せばよい．

```
int socket(int 「プロトコルファミリ」, int 「ソケットのタイプ」,
           int 「プロトコル」) ;
```

第一引数の「プロトコルファミリ」には，**PF_INET** という記号定数を指定する．PF_INET は TCP/IP プロトコルファミリを意味する記号定数である．ライブラリ設計上，ソケットライブラリは TCP などの特定のプロトコルには依存しない汎用のネットワークライブラリである．これを実現するために socket() では，第一引数の指定を変更すれば，TCP/IP 以外のプロトコルファ

ミリ，言い換えればインターネットで用いられるプロトコル以外に対応するソケットも作成できるようになっている．しかし現在のところ，socket()の扱えるプロトコルファミリは TCP/IP のみである．したがって実際は，socket()の第一引数として必ず PF_INET という記号定数を指定しなければならない．

第二引数の「ソケットのタイプ」には，**SOCK_STREAM** か **SOCK_DGRAM** を指定する．前者は TCP のようなコネクション型のプロトコルを意味し，後者は UDP のようなコネクションレスのプロトコルを意味する．TCP を用いる場合には前者を，また UDP を用いる場合には後者を指定する必要がある．

第三引数は実際に利用するプロトコルの指定である．TCP を利用する場合には **IPPROTO_TCP** を指定し，UDP を利用する場合には **IPPROTO_UDP** を指定する．以上より，socket()の引数指定にあたっては，表 9.3 に示したような組合せのみが意味をもつことになる．

socket()の戻り値は int 型の整数である．ソケットの作成に失敗した場合には "−1" を返し，それ以外の場合にはソケットディスクリプタという整数を返す．ソケットディスクリプタは，ソケットを識別するための識別子である．ソケットディスクリプタは，ソケットに対する操作を行う際に，ソケット操作関数に対して与える必要がある．以下で説明する，connect()，send()，recv()，および close()などの関数を利用する際には，ソケットの識別子としてソケットディスクリプタを指定する．

socket()の具体的な使用例を示す．TCP 接続のためのソケットを用意したいのであれば，たとえば，以下のように記述すればよい．

```
int csocket ;/* ソケットのディスクリプタ */
csocket = socket(PF_INET, SOCK_STREAM, IPPROTO_TCP);
```

上記の例で，csocket は socket()の返す値であるディスクリプタを格納するための変数である．この例では簡単化のために，socket()がエラーを返した際

表 **9.3** socket()の引数指定

用いるプロトコル	第一引数	第二引数	第三引数
TCP	PF_INET	SOCK_STREAM	IPPROTO_TCP
UDP		SOCK_DGRAM	IPPROTO_UDP

の処理が省略されている.実際のネットワークシステム構築においては,ソケットの作成に失敗した場合など socket() がエラーを返した際の処理を追加する必要がある.具体的には,上記の代入文を if 文と組合わせて,socket() の戻り値が 0 未満となる場合を検出すればよい.

```
if((csocket = socket(PF_INET, SOCK_STREAM, IPPROTO_TCP))<0)
    { /* エラー処理 */}
```

(2) ソケットへのアドレスの設定とサーバへの接続　connect()

ソケットへのアドレスの設定とサーバへの接続を行う **connect()** は,つぎのように用いる.

```
int connect(int「ソケットディスクリプタ」, struct sockaddr *「接
    続先のアドレス」, unsigned int「第二引数のサイズ」) ;
```

第一引数の「ソケットディスクリプタ」は,socket() の呼び出しで得られた戻り値のソケットディスクリプタを指定する.第二引数の「接続先のアドレス」は sockaddr 構造体へのポインタであり,接続先サーバのアドレスなどを指定する役割がある.第三引数には第二引数のサイズを与える.通常,sizeof() を利用して第二引数の変数の大きさを計算すればよい.

第二引数として与える sockaddr 構造体は,つぎのような形式の構造体である.

```
struct sockadd
{
 unsigned short sa_family;
 char sa_data[14];
};
```

sockadd 構造体の最初のメンバ sa_family はアドレスファミリを指定する数値である.アドレスファミリとは,ネットワークにおけるアドレス指定に関する体系のことである.TCP/IP に基づくネットワークシステム構築においては,アドレスファミリとして AF_INET を指定する.

第二のメンバ sa_data[] は，アドレス情報を格納するための記憶領域である．一般に，アドレス情報の形式はアドレスの体系ごとに異なるから，sa_data[] の内部形式はアドレスファミリにより異なるものとなる．

インターネットのアドレス体系を用いる場合，すなわちアドレスファミリとして AF_INET を指定した場合には，アドレス情報はポート番号と IP アドレスから構成される．sockadd 構造体をそのまま用いると，ポート番号や IP アドレスの扱いは明確でない．そこで，AF_INET を指定した場合のアドレス形式に合わせた形式の構造体 sockaddr_in が用意されている．

```
struct sockaddr_in
{
 unsigned short sin_family;
 unsigned short sin_port;
 struct in_addr sin_addr;
 char sin_zero[8];
};
```

sockaddr_in 構造体は，sockaddr 構造体と同じ大きさである．インターネットのアドレス体系を用いる場合には，sockaddr_in 構造体に値をセットした上で，sockaddr 構造体にキャストして（つまり強制的に型変換して）用いることで，sockaddr 構造体のかわりとして用いることができる．

sockaddr_in 構造体の最初のメンバ sin_family は，sockaddr 構造体における sa_family と同じ役割をはたす．したがって，TCP を用いる場合には，AF_INET を指定すればよい．

第二のメンバ sin_port は，ポート番号を指定するためのフィールドである．ポート番号は 16 ビットで表現されるので，sin_port は unsigned short 型である．第三のメンバ sin_addr は，IP アドレスをセットするための構造体である．実際の形式は，unsigned long 型の変数一つをメンバとして含むだけである．

```
struct in_addr
{
 unsigned long s_addr;
};
```

sockaddr_in 構造体の最後のメンバは文字型の配列 sin_zero[ ] である．sockadd 構造体のアドレス部分である sa_data[ ] は 14 バイトの大きさがあるが，sockadd_in 構造体が対象とするインターネットのアドレスでは，ポート番号 2 バイトと IP アドレス 4 バイトの合計 6 バイトしか使わない．そこで sockadd 構造体と大きさを合わせるために，sockadd_in 構造体では，不要部分への詰め物として sin_zero[ ] を使っている．

connect() の使用例を示す．

```
/* ①記号定数の定義 */
#define IPADDRESS "127.0.0.1"
#define PORTNUM 80

/* ②変数の定義 */
int csocket ;/* ソケットのディスクリプタ */
struct sockaddr_in server ;/* サーバのアドレス */

/* ③ソケットのセッティング */
 memset(&server, 0, sizeof(server));
 server.sin_family = AF_INET;
 server.sin_addr.s_addr = inet_addr(IPADDRESS);
 server.sin_port = htons(PORTNUM);

/* ④サーバとの接続 */
 connect(csocket,(struct sockaddr *) &server,sizeof(server));
```

上記コードの「①記号定数の定義」の部分では，それ以降のコードで用いる記号定数を定義している．記号定数 IPADDRESS は，接続先サーバの IP アドレスを文字列で与える．記号定数 PORTNUM はサーバのポート番号を数値で与える．これに続く「②変数の定義」では，ソケットディスクリプタ csocket と，アドレスを保持する構造体 server を定義している．csocket には，socket() の戻り値であるソケットディスクリプタがセットされているものとする．

「③ソケットのセッティング」では connect() の引数に対してアドレスなどをセットしている．最初に memset() を用いて，アドレスを保持する構造体 server の内容をゼロクリアする．つぎに，アドレスファミリ，IP アドレス，およびポート番号を順に server 構造体にセットする．最後に，「④サーバとの

接続」において，connect()を用いてサーバとの接続を実施する．ここで，connect()に与える第二引数はsockaddr構造体へのポインタである必要がある．そこで上記の例では，sockaddr_in型の構造体であるserverをsockaddr型の構造体へのポインタへキャストしている．

なお上記の例では，connect()のエラー処理を行っていない．connect()がサーバとの接続に失敗した際には，エラーを示す戻り値である"-1"を返す．そこで，connect()のエラーを検出するには，socket()の場合と同様，戻り値の値を調べればよい．

（3）データのやりとり send()，recv()

データの送受信には，**send()** と **recv()** を用いる．それぞれ，つぎのような形式をとる．

```
int send(int「ソケットディスクリプタ」, const void*「送信メッセージ」, unsigned int「メッセージの長さ」, int「フラグ」) ;

int recv(int「ソケットディスクリプタ」, void *「受信バッファ」, unsigned int「バッファ領域の大きさ」, int「フラグ」) ;
```

両者とも，第一引数としてソケットディスクリプタを与える．第二引数は，送信側のsend()の場合には，送信すべきメッセージを格納した文字列へのポインタである．recv()の第二引数は受信用バッファ領域へのポインタである．第三引数はそれぞれ，メッセージの長さあるいはバッファ領域の大きさである．第四引数のフラグは，関数の働きを切り替えるための引数である．引数として0を与えた場合，両者ともデフォルトの動作を行う．

エラーが生じた場合には，両者とも"-1"を戻す．送受信が成功した場合には，両者とも転送したデータ数を戻り値とする．

send()の使用例として，文字列を送信する場合を以下に示す．

```
send(clientsocket,msg,strlen(msg),0) ;
```

上の例で，第一引数のclientsocketはint型の変数であり，ソケットディス

クリプタが格納されている．続く第二引数の msg には，送信すべき文字列が格納されている文字配列である．第三引数は，msg の大きさを与えるために，strlen() を用いて msg の大きさを計算している．最後の引数は，デフォルトの動作を指定する 0 である．

つぎに recv() の使用例を示す．この例では，受信したデータが文字配列 msg に格納される．

```
recv(csocket,msg,sizeof(msg),0) ;
```

各引数の意味は，send() の場合とほとんど同様である．ただし，recv() はデータ受信用の関数であるから，msg 文字配列にあらかじめデータをセットする必要はない．

（4）コネクションのクローズ close()

TCP コネクションを閉じるには **close()** を用いる．

```
int close(int「ソケットディスクリプタ」) ;
```

9.2.2 クライアントプログラムの例

クライアントプログラムの例として，サーバ上の特定のポートに対して TCP コネクションをはり，サーバから送られてくるデータを標準出力に出力するプログラムである reader.c を図 9.3 に示す．

reader.c プログラムは，前節で述べた手続きに従ってソケットを準備し，サーバと接続してメッセージを取り込み，画面に表示する．図 9.4 に，後述する netclock サーバに接続して時刻を受け取って表示する例を示す．図 9.4 では，reader.c プログラムを Cygwin 上の gcc コンパイラを使ってコンパイルした上で，IP アドレス 192.168.11.2 上で稼動する netclock サーバと接続し，現在時刻を取得・表示している．

```c
/***********************************************************/
/*                      reader.c                           */
/* このプログラムは，TCP 接続を行うクライアントです         */
/* 起動すると，10000 番ポートでサーバと接続して，          */
/*                             データを読み取ります        */
/*   使い方 %reader ( サーバの IP アドレス )               */
/*                                                         */
/***********************************************************/
/* ヘッダファイルのインクルード */
#include <stdio.h>
#include <string.h>

#include <sys/socket.h>
#include <arpa/inet.h>
#include <unistd.h>

#define SERVERPORTNUM 10000 /* サーバのポート番号 */

/* main( ) */
int main(int argc, char *argv[])
{
 int csocket ;/* ソケットのディスクリプタ */
 struct sockaddr_in server ;/* サーバのアドレス */
 char msg[255] ;

 /* ソケットの準備 */
 csocket = socket(PF_INET, SOCK_STREAM, IPPROTO_TCP);
 /* ソケットのセッティング */
 memset(&server, 0, sizeof(server));
 server.sin_family = AF_INET;
 server.sin_addr.s_addr = inet_addr(argv[1]);
 server.sin_port = htons(SERVERPORTNUM);

 /* サーバとの接続 */
 connect(csocket,(struct sockaddr *) &server,sizeof(server));

 /* データの読み込み */
 memset(&msg,'\0', sizeof(msg));
 while(recv(csocket,msg,sizeof(msg),0)>0){
  printf("%s",msg) ;
  memset(&msg,'\0', sizeof(msg));
 }
 /* ソケットのクローズ */
 close(csocket) ;
}
```

図 9.3　クライアントプログラム　reader.c

```
$ gcc reader.c -o reader.exe
$ ./reader.exe 192.168.11.2
Thu Mar 10 16:01:41 2005
$
```

図 9.4　クライアントプログラム reader.c の動作例

9.2.3　サーバにおけるソケット利用の手順

サーバ側でのソケット利用手順を図 9.5 に示す．図にあるように，クライアント側のソケット利用手順と比較して若干複雑である．

以下，順に説明する．

手　順	用いる関数
(1) ソケットの作成	socket()
(2) ポート番号の設定	bind()
(3) 接続の待ち受け	listen()
(4) 通信用ソケットの取得	accept()
(5) データのやりとり	send(), recv()
(6) コネクションのクローズ	close()

図 9.5　サーバ側でのソケット利用手順

（1） ソケットの作成　socket()

ソケット作成については，クライアントとサーバで区別はない．したがって，クライアントの場合と同様である．

（2） ポート番号の設定　bind()

サーバ側では，特定のポート番号にソケットを関係付けることで，クライアントからの接続を待ち受ける準備をする．**bind()** は，クライアント側ソケットにおける conect() と同様の引数を与える．bind() の使用方法を示す．

```
int bind(int「ソケットディスクリプタ」, struct sockaddr *「接
    続先のアドレス」, unsigned int「第二引数のサイズ」) ;
```

最初の引数の「ソケットディスクリプタ」には，socket() の返す値であるソケットディスクリプタを指定する．二番目の引数には，sockaddr 構造体への

ポインタを指定する．sockaddr 構造体のメンバにはポート番号のほか，アドレスファミリや IP アドレスを指定する必要がある．ポート番号には，サーバが接続を待ち受けるポートの番号を指定する．アドレスファミリには AF_INET を指定すればよい．IP アドレスについては，INADDR_ANY という記号定数を指定すれば，具体的なサーバのアドレスを指定する必要がない．bind() の利用例を示す．

```
/* ①アドレスの設定 */
 memset(&server, 0, sizeof(server));
 server.sin_family = AF_INET;
 server.sin_addr.s_addr = htonl(INADDR_ANY);
 server.sin_port = htons(SERVERPORTNUM);
/* ② bind( ) 関数の実行 */
 bind(serversocket, (struct sockaddr *) &server,
 sizeof(server)) ;
```

　上記プログラムリストにおいて，①のアドレス設定の部分は，クライアントプログラムにおける connect() 呼び出しの場合とほぼ同様である．異なるのは，アドレスの設定において具体的なサーバのアドレスを指定するのではなく，INADDR_ANY を指定している点である．②の部分では，設定したアドレス情報を用いて bind() を呼び出し，ソケットに対してアドレス情報を設定している．

（3）接続の待ち受け　listen()

　サーバのソケットでクライアントからの接続待ちを実行させるには，**listen()** を用いる．listen() は「ソケットディスクリプタ」と「接続最大数」の二つの引数をとる．「接続最大数」とは，同時に受け付ける接続の上限値である．

```
listen(int「ソケットディスクリプタ」,int「接続最大数」) ;
```

　listen() の実行により，サーバのソケットがクライアントからの接続待ちの状態に遷移する．

（4）通信用ソケットの取得　accept()

listen()実行後，クライアントの接続要求がきた際には，サーバプログラムは実際に通信を行うためのソケットを取得し，以降これを用いて送受信を行う．このためのソケット取得を実行する関数が **accept()** である．

```
accept(int「ソケットディスクリプタ」, struct sockaddr *「クラ
 イアントアドレス構造体」,unsigned int*「アドレス長」) ;
```

「クライアントアドレス構造体」および「アドレス長」には，接続したクライアントに関する情報を accept() が値をセットして返してくる．また accept() 自体は，クライアントとの接続を示すソケットディスクリプタを返す．

（5）データのやりとり　send()，recv()，および（6）コネクションのクローズ　close()

データのやりとりとクローズについては，クライアントと同様である．

9.2.4　サーバプログラムの例

サーバプログラムの例として，サーバコンピュータ上の時計を読み取ってクライアントに渡すプログラムである netclock.c を考える．図 9.6 にプログラムリストを示す．

netclock.c プログラムはサーバだから，実行しても何も起こらない．しかし，クライアントからの接続があるたびに，クライアントに返答したのと同じメッセージを出力する．netclock.c プログラムを停止するには,たとえば,コンソールでコントロール C などの割り込み信号を入力しなければならない．

```
/*********************************************************/
/*                    netclock.c                         */
/*このプログラムは，時刻を返答するネットワークサーバです */
/*起動すると，10000番ポートで接続を待ち受けます          */
/*    使い方   %netclock                                 */
/*Ctrl-Cキーの入力でプログラムが停止します               */
/*********************************************************/
/*ヘッダファイルのインクルード*/
```

図 **9.6**　サーバプログラム　netclock.c

```c
#include <stdio.h>
#include <string.h>
#include <time.h>

#include <sys/socket.h>
#include <arpa/inet.h>
#include <unistd.h>

#define SERVERPORTNUM 10000 /* サーバのポート番号 */
#define MAXNUM 10 /* 最大接続数 */

/* main() */
int main()
{
 int serversocket;/* サーバのソケットディスクリプタ */
 int clientsocket;/* クライアントのソケットディスクリプタ */
 struct sockaddr_in server;      /* サーバのアドレス */
 struct sockaddr_in client;      /* クライアントのアドレス */
 unsigned int cl ;
 time_t t ;
 char msg[255] ;

 /* サーバ側のソケットの準備 */
 serversocket = socket(PF_INET, SOCK_STREAM, IPPROTO_TCP);
 /* ソケットのセッティング */
 memset(&server, 0, sizeof(server));
 server.sin_family = AF_INET;
 server.sin_addr.s_addr = htonl(INADDR_ANY);
 server.sin_port = htons(SERVERPORTNUM);
 bind(serversocket, (struct sockaddr *) &server, sizeof(server)) ;
 /* 接続を待ち受ける */
 listen(serversocket, MAXNUM) ;

 /* クライアントに対応する */
 while(1){
  cl=sizeof(client) ;
  clientsocket= accept(serversocket, (struct sockaddr *) &client,&cl) ;
  /* 時刻の処理 */
  time(&t) ;
  strcpy(msg,ctime(&t));
```

図 9.6　サーバプログラム　netclock.c（つづき）

```
    printf("%s¥n",msg) ;
    send(clientsocket,msg,strlen(msg),0) ;
    /* 接続終了 */
    close(clientsocket) ;
  }
}
```

図 9.6 サーバプログラム netclock.c（つづき）

| 例題9.1 | netclock.c を実行した後にクライアントから接続要求が生じると，netclock.c 側のコンソール上にはどのようなメッセージが表示されるだろうか． |

解 netclock.c のソースコードのうち，以下の部分に着目する．
```
/* 時刻の処理 */
  time (&t) ;
  strcpy (msg,ctime (&t)) ;
  printf ("%s¥n",msg) ;
  send (clientsocket,msg,strlen (msg) ,0) ;
```

上記のコードを実行すると，time()と strcpy()の呼び出しにより文字配列 msg[]に日時の情報が格納される．つぎに printf()の呼び出しにより msg[]の内容がコンソールに表示される．また，つぎの send()の呼び出しにより，msg[]の内容がクライアントに渡される．したがって，netclock.c 側のコンソールには，クライアントに渡される文字列と同じ内容の日時に関する情報が表示される．

第 9 章のまとめ

- ネットワーク機能を提供するライブラリの具体例として，**ソケット**，**MPI**，**CORBA**，**Java RMI** などがある．
- ソケットは，TCP/UDP の**ポート**を実装したものであり，ポート番号を手がかりとしてプロセスどうしが通信を行うための基本的なしくみである．
- **サーバのソケット**は，ネットワークサーバ側に作成されるソケットで，特定のポート番号を監視しながらクライアントからの接続を待ち

受けるソケットである．
- **クライアントのソケット**は，あるコンピュータの特定のポート（サーバソケット）に対して接続を行うためのソケットである．
- サーバのソケットは，(1) ソケットの作成，(2) ポート番号の設定，(3) 接続の待ち受け，(4) 通信用ソケットの取得，(5) データのやりとり，(6) コネクションのクローズという手順で用いられる．
- クライアントのソケットは，(1) ソケットの作成，(2) ソケットへのアドレスの設定とサーバへの接続，(3) データのやりとり，(4) コネクションのクローズという手順で用いられる．

演習問題

9.1 CORBA や MPI について調べなさい．

9.2 ソケットでデータを送受信するには，send() と recv() を用いる．しかし，send() と recv() は基本的に文字列（バイト列）を送受信できるにすぎない．ソケットを使って数値や構造をもったデータをやりとりするにはどうすればよいだろうか．

9.3 netclock.c プログラムを改造して，時間情報以外の情報を提供するネットワークサーバを構築してみなさい．

演習問題略解

第 1 章

1.1 口座を管理する各店舗が，それぞれ独自にコンピュータを用意して，その店舗に開設された口座を管理する必要がある．この場合，たとえ同じ金融機関に属する店舗間でも，異なる店舗に開設した口座に関する入出金を即座に行うことはできない．また，振込や引き落としなどの口座間の金銭移動を処理するのには，伝票や記録媒体の物理的移動に加え，一括処理による口座残高の更新が必要であり，これには相当の処理時間を必要とするだろう．結果として，もしネットワークシステムが存在しなかったら，現在のような営業活動を実現することは到底不可能であろう．

1.2 在庫はほとんどないのが普通である．こうした店舗では，倉庫のスペースをなるべくとらずに，できるだけ売り場の面積を大きくしている．そして，商品が不足する前にネットワークシステムによって発注がなされ，ただちに配送される．こうして，店頭に大量の商品が並ぶのである．

1.3 省略

1.4 オープンシステムの構築，つまり特定のメーカに偏らずに製品を自由に選択してネットワークシステムを構築するためには，ネットワークアーキテクチャの考え方が必須である．

第 2 章

2.1 家庭内 LAN であれば，数台のコンピュータから構成されるのが普通であろう．同じ LAN でも，企業や学校の敷地全体に敷設された LAN であれば，数千から数万台のコンピュータを収納する場合もあるだろう．後者の場合には，全体構成を調査するのは困難かもしれない．

2.2 下記のような点を考えて比較検討しなさい．
- ・伝送速度などの，ネットワーク本来の機能
- ・セキュリティ
- ・装置のコスト
- ・管理・運用の容易
- ・設置の容易や設置場所変更のしやすさ

2.3 省略

2.4 イーサネットは，LAN構成のための技術としてだけでなく，基幹系ネットワークの構築にも用いられるようになってきている．こうした点に留意しなさい．

第3章

3.1 低速の通信回線を複数まとめて，全体として1本の高速な通信回線として用いる場合を調べればよい．

3.2 たとえばイーサネットだけで大規模ネットワークを構築するとして，衝突の処理やブロードキャストにおいてどのような問題が生じるか考察すればよい．

3.3 省略

3.4 画像通信以外にネットワークを利用するアプリケーションが存在する場合，画像通信以外の通信により回線が混雑すると，6Mbpsの通信速度すら確保できない可能性がある．

3.5 省略

第4章

4.1 一つのイーサネットフレームで送ることのできるデータ量には上限（1500バイト）が存在する．この上限を超える大きさのIPデータグラムを送出すると，IPデータグラムのフラグメントが生じる．

4.2 TTLの機能がなかった場合の不都合の例 たとえば，ルーティング経路が何らかの原因によりループしている場合，IPデータグラムは永久にループ内に存在し続けることになる．

　　TTLの機能により通信に不都合が生じる場合の例 TTLは8ビットの正の整数であるから，もし255箇所以上のルータを経由しないと行き着かないようなネットワークが存在すると，そのネットワークに属するコンピュータにはIPデータグラムを送ることができない．

4.3 省略

4.4 たとえば，つぎの表Aのようにすればよい．

表A コンピュータ 192.168.2.1/24 のルーティングテーブル

宛先のネットワークアドレス	つぎに中継すべきルータ	使用するネットワークインタフェース
192.168.2.0/24	（データリンク層プロトコルを用いて直接送る）	eth0
192.168.1.0/24	192.168.2.254/24	eth0
default	192.168.2.253/24	eth0

4.5 経由するルータは少ないが極端に通信速度の遅い回線として，たとえばPPPによるダイヤルアップ接続などが存在する場合を考えればよい．

4.6 ARPが働いていると，ネットワークシステムに対する利用権限のないものが勝手にネットワークにコンピュータを接続しても，ネットワークを使うことが可能である．これに対処するためには，ARPによる自動的なアドレス解決を禁止すればよい．ただし，手作業で対応表を管理しなければならなくなり，利便性は低下

する．
4.7 省略
4.8 いきなりすべてのコンピュータを IPv6 に移行するのは不可能である．そこで，IPv6 のデータを IPv4 のネットワークで運ぶ，トンネリングという技術が必要になる．

第 5 章
5.1 プロセス番号は，オペレーティングシステムの管理する特定のコンピュータ内部だけで通用する番号であることに注意しなければならない．
5.2 RFC などの文献で調べることができる．また，UNIX 系システムであれば，下記ファイルを参照すればよい．
　　/etc/services
5.3 完全な対処は難しいが，たとえば TCP 接続要求に対して割り当てるサーバ側の計算機資源を最小限に抑えることで，障害を起こしにくくすることが可能である．
5.4 リアルタイムアプリケーションでは，処理効率が要求される．また，エラーを検出しても，データを再送する時間的余裕がない場合が多い．こうしたことから UDP が用いられる傾向にある．

第 6 章
6.1 地震や洪水，あるいは火災などに対応するためのセキュリティ技術について調べてみなさい．
6.2 ネットワーク利用者は悪いことをしないという前提に立って，プロトコルが設計されているように見受けられるという意味である．たとえば，IP では基本的にはすべてのデータが暗号化されずに伝送されるが，これは IP の利用者が他人のデータをのぞき見ることは決してないという前提に基づいているとみなすことができる．こうした性質はセキュリティ上の大問題である．
6.3 過去のウイルスの多くは，あらかじめセキュリティホールとして警告されて専門家の間では既知とされる技術的欠陥を利用したものが大部分である．したがって，ウイルス作成にはシステムに対する深い知識や理解は必要なく，むしろ開示された技術情報のみを元に素朴な技術で作成可能である．ウイルスにバグがある例も多く，ウイルス作成者の技術程度も低レベルであることが伺える．
6.4 樹脂等に写し取った指紋でも指紋認証をパスしたり，顔写真を使って顔認証をパスするなどの例も報告されている．
6.5 新しい暗号技術とともに，暗号を破る技術についても注意して記述する．

第 7 章
7.1 サーバ側の WILL に対して，すべて DON'T で答えるようなネゴセッションを行えばよい．ただしこのクライアントでは，NVT 以上の機能を用いることはできなくなる．
7.2 たとえば，ssh を用いるファイル転送アプリケーションである sftp や，SSL を用いる ftps などがある．

7.3 かつてのインターネットは，ネットワーク接続が不安定であったり，クライアントコンピュータの信頼性が低く連続運用が難しいなどの問題があった．こうしたことから，インターネット電子メールシステムは，冗長性を許容することで信頼性を確保するシステムとなっている．現状ではこうした問題は改善されているにもかかわらず，電子メールシステムはいまだにかなり冗長である部分があることについて考察する．

7.4 WWW サーバは，基本的には要求されたファイルを転送するだけのシステムである．それに対して WWW クライアントは，転送されてきたさまざまなデータを解釈し，適切な表現を行わなければならない複雑なシステムである．

第 8 章

8.1 同じ UNIX 系オペレーティングシステムでも，たとえば Linux と FreeBSD では ping の機能が微妙に異なっている点に注意して考察する．

8.2 ネットワークの不具合のほか，ハブがスイッチングハブであり別ポートにはパケットが出力されなかったという可能性も考慮して考察する．

8.3 ipconfig コマンドを用いると，IP の設定に関する情報を得ることができる．

第 9 章

9.1 省略

9.2 アプリケーションごとに適当なプロトコルを定めた上で，アプリケーションプログラムにおいて送信元および受信側の双方でデータ変換を行わなければならない．これはいささか手間のかかる問題である．また，よく間違いを起こす部分でもある．

9.3 省略

索引

■英数先頭

10 base-5　42
10 base-T　42
100 base-TX　42
3 ウェイハンドシェーク　79
4B/5B 符号化　34
802 委員会　27
accept（）　149
ACS　3
ADSL　25, 29
AD 変換　22
APNIC　57
ARP　62
ARPANET　8
ATM　24, 47
BANCS　3
BGP　61
bind（）　147
biz　66
bps　15
B チャンネル　31
CATV　29
ccTLD　65
CHAP　47
CIDR　56
close（）　145
com　66
connect（）　141
CORBA　137
CRC　38, 39, 47
CRM　6
CSMA/CD　40
DA 変換　23
DCE　13, 30
DES　96
DHCP　63

DMZ　93
DNS　65
DSLAM　48
DSU　30
DTE　13
D チャンネル　31
EGP　61
FCS　47
ftp　106
FTTH　25
gov　66
HDLC　46
HDSL　29
HTTP　118
ICANN　57
ICMP　63, 121, 125
IEEE　27, 39
ifconfig　130
IGP　61
IIS　112
info　66
IP　50
IPv6　70
IP アドレス　54
IP データグラム　51
IP 電話　23
IrDA　20
ISDN　30
ISDN 回線　24
ISO　10, 65
IX　8
Java RMI　137
jp　65
JPNIC　57
JR-NET　5
JUNET　8

LAN　14, 16
LCP　47
LIR　57
listen ( )　148
MAC アドレス　38
MARS　5
MICS　3
mil　66
MLT-3　34
MPI　137
MRU　47
MTA　111
MUA　111
MX レコード　68
NCP　47
net　66
netstat　133
NRZ　33
NRZI　33
NSF　8
nslookup　129
NSPIXP　8
NVT　103
org　66
OSI 参照モデル　10
OSPF　61
OUI　39
PAP　47
PHS　26
ping　121
POP3　117
POS　5
PPP　46
PPPoE　48
qmail　112
RARP　63
recv ( )　144
RIR　57
RSA　98
RZ　33
SDSL　29
send ( )　144
sendmail　112
SMTP　111

socket ( )　139
ssh　105
STM　33, 48
SYN flood 攻撃　83
TA　30
TCP　75
tcpdump　126
TCP セグメント　78
telnet　101
traceroute　124
TTL　53
UDP　82
UTP　14
VC　48
VDSL　29
VP　48
Web サービス　9
WIDE プロジェクト　8
xDSL　25, 29

■あ　行
アクティブオープン　80, 138
アドレス　37
アナログ-ディジタル変換　22
アプリケーションレベルゲートウェイ
　94
誤り制御　50, 74
暗号　96
イーサネット　27
インターネット　7
インテリアゲートウェイプロトコル
　61
ウイルス　87
ウェルノウンポート　76
エクステリアゲートウェイプロトコル
　61
オンラインショッピング　9

■か　行
下位層　11, 74
鍵　96
仮想端末システム　101
勘定系システム　4
カントリーコード　65

索 引

慣用暗号系　96
ギガビットイーサネット　15
逆引き　68
クラス　55
クラッド　17
携帯電話　26
ゲートウェイ　26
コア　17
公開鍵暗号系　97
国際標準化機構　10
個人情報管理システム　2
コリジョンドメイン　43

■さ　行
上位層　11
衝突　41
情報系システム　4
シングルモード　17
スイッチングハブ　43
スタティックルーティング　61
生産管理システム　2
正引き　68
赤外線　19
セグメント　75
セション層　85
セル　47
全銀システム　4
全国銀行データ通信システム　4
全二重　31, 45
属性型・地域型ドメイン名　66
ソケット　137

■た　行
対称鍵暗号系　96
ダイナミックルーティング　61
タイプフィールド　38
多重化　50, 74
短命ポート　76
地域IP網　25
地域IX　9
直列伝送　31
ツイストペア線　14
ディジタル-アナログ変換　23
データリンク層　36

電子署名　99
電灯線　15
同期　33
同軸ケーブル　15
登録ポート　76
トークンリング　45
トップドメイン　65

■な　行
認証　90
認証局　99
ネゴセッション　104
ネットマスク　56
ネットワークアーキテクチャ　10
ネットワークアナライザ　128
ネットワークセキュリティ　86
ネームサーバ　67

■は　行
バイオメトリクス　92
ハイブリッド暗号　98
パケット交換網　24
パケットフィルタリング　94
パッシブオープン　80, 138
パスワード　90
ハブ　15, 36
半二重　31
汎用ドメイン名　66
光ファイバケーブル　17
非対称鍵暗号系　96
非同期　33
非武装地帯　93
秘密鍵暗号系　96
平文　96
ファイアウォール　93
復号　96
物流管理システム　2
プライベートアドレス　57
フラグメンテーション　53
プリアンブル　37
ブリッジ　44
ブルートゥース　22
フレームリレー　24
プレゼンテーション層　85

フロー制御　74
ブロードキャスト　56
ブロードバンド　33
プロセス　75
プロトコル　8
プロバイダ　8
分流　74
並列伝送　31
ベストエフォート　43
ベースバンド　33
ベンダーコード　39
ポート番号　75, 138

■ま　行
マルチキャスト　69
マルチモード　17
マンチェスター符号　33
網管理システム　2
モデム　23

■や　行
予約販売システム　2

■ら　行
リピータ　44
リピータハブ　43
流通システム　2
ルータ　50
ルーティングテーブル　58
ルートサーバ　68
ループバックインタフェース　130
レイヤ2スイッチ　43

■わ　行
ワイヤレスLAN　20
ワーム　87
ワンタイムパスワード　91

著者略歴

小高　知宏（おだか・ともひろ）

1983 年　早稲田大学理工学部 卒業
1990 年　早稲田大学大学院理工学研究科 後期課程修了
1990 年　九州大学医学部付属病院 助手
1993 年　福井大学工学部情報工学科 助教授
2004 年　福井大学大学院工学研究科 教授
　　　　現在に至る
　　　　工学博士

TCP/IP で学ぶネットワークシステム　　Ⓒ 小高知宏　2006

2006 年 2 月 22 日　第 1 版第 1 刷発行　【本書の無断転載を禁ず】
2018 年 9 月 12 日　第 1 版第 5 刷発行

著　　者　小高知宏
発行者　　森北博巳
発行所　　森北出版株式会社
　　　　　東京都千代田区富士見 1-4-11（〒102-0071）
　　　　　電話 03-3265-8341 ／ FAX 03-3264-8709
　　　　　http://www.morikita.co.jp/
　　　　　日本書籍出版協会・自然科学書協会　会員
　　　　　JCOPY ＜(社)出版者著作権管理機構 委託出版物＞

落丁・乱丁本はお取替えいたします　印刷／双文社印刷・製本／ブックアート

Printed in Japan ／ ISBN978-4-627-82971-8

MEMO

MEMO